校企合作计算机精品教材

计算机视觉技术及应用

主审　杜晓鸣
主编　任　宏　宋延兵　李春林

教·学资源

航空工业出版社

北　京

内容提要

本书基于 Python 的 OpenCV 库，通过通俗易懂的语言、丰富实用的案例、项目式的编写方法，全面系统地讲解了计算机视觉技术的相关知识。全书共 9 个项目，内容包括搭建计算机视觉开发环境、夯实计算机视觉开发基础、色彩分割、图像平滑处理、形状识别、物体检测与计数、图像拼接、视频处理、人脸检测与识别。内容由浅入深，层层递进，为读者呈现丰富的技术实践场景。

本书可作为各类院校人工智能、大数据技术、计算机等相关专业的教材，也可供相关领域的技术人员参考使用。

图书在版编目（CIP）数据

计算机视觉技术及应用 / 任宏，宋延兵，李春林主编． -- 北京 ：航空工业出版社，2024.1(2025.9重印)
ISBN 978-7-5165-3613-1

Ⅰ．①计… Ⅱ．①任… ②宋… ③李… Ⅲ．①计算机视觉 Ⅳ．①TP302.7

中国国家版本馆 CIP 数据核字(2023)第 249927 号

计算机视觉技术及应用

Jisuanji Shijue Jishu ji Yingyong

航空工业出版社出版发行

（北京市朝阳区北苑路 58 号楼 20 层　100012）

发行部电话：010-85672666　010-85672683　　读者服务热线：010-85672635
北京谊兴印刷有限公司印刷　　　　　　　　　全国各地新华书店经售
2024 年 1 月第 1 版　　　　　　　　　　　　 2025 年 9 月第 3 次印刷
开本：787×1092　1/16　　　　　　　　　　　 字数：312 千字
印张：13.5　　　　　　　　　　　　　　　　　定价：59.80 元

PREFACE 前言

作为人工智能的关键领域之一,计算机视觉技术已经渗透到了人们生活、工作和学习的方方面面。从人脸识别、物体检测到气象图像分析、医疗影像诊断,计算机视觉技术正以惊人的速度改变着人们的生活方式和工作模式。

OpenCV 是计算机视觉方面的优秀开源库,它提供了 Python、C++等多种语言的开发接口,能够帮助开发人员方便、快速、高效地完成图像与视频的处理。

为满足企业对计算机视觉技术人才的需求,我们结合计算机视觉技术发展现状和多所院校人才培养方案的要求,组织编写了本书。

全书共 9 个项目,分为 2 篇。第 1 篇为基础篇,包含项目 1 和项目 2,主要介绍计算机视觉技术基础知识及其开发环境的搭建过程;第 2 篇为应用篇,包含项目 3～项目 9,主要介绍色彩分割、图像平滑处理、形状识别、物体检测与计数、图像拼接、视频处理、人脸检测与识别的基础知识,以及应用它们解决实际问题的方案和实践过程。

整体而言,本书具有如下特色。

1 立德树人,德技并修

本书以党的二十大精神为指导,巧妙地将知识技能与素质教育相结合,针对职业特性,潜移默化地塑造学生的职业精神和道德品质。在各个项目中,通过"素养之窗"这一模块,有效培养学生的爱国主义情感、社会责任感及工匠精神,指引学生树立正确的世界观、人生观与价值观,培育学生成为对国家和社会有益的新时代人才。

2 校企合作,与时俱进

本书在编写过程中得到了相关企业的支持。书中所选的案例与实际应用紧密相关,可以使学生快速、轻松地理解和掌握计算机视觉技术的知识技能,做到即学即练、学以致用。

3 项目驱动,理念创新

本书采用项目式的编写方法,巧妙设计了一系列充满挑战且实用的项目案例。在每个项目中,本书都以通俗易懂的方式讲解相关知识,并配备了完整的实践代码。学生可以依照书中的代码示例,循序渐进地完成项目的开发,从而轻松地学会计算机视觉技术的应用技巧。

本书将每个项目的内容分为课前、课中和课后 3 个模块，引导学生自主学习。课前，学生通过"项目描述"了解本项目的主要内容，通过"项目分析"了解完成本项目所需的流程和步骤，并通过观看二维码视频完成"项目准备"中的引导问题。课中，学生学习本项目涉及的理论知识，并在教师的带领下完成"项目实施"中的案例。课后，学生首先通过完成"项目实训"练习所学内容，然后通过"项目总结"提炼和总结本项目学习的知识和技能，再通过"项目考核"进一步巩固所学知识，最后通过"项目评价"评价整个项目的学习情况。

此外，本书正文中还穿插了"指点迷津""高手点拨"等模块，可以加强学生对知识点的理解，丰富学生的知识面，还可以调动学生的学习积极性，提高其参与度，从而提升学生的学习效率。

4 数字资源，丰富多彩

本书配有丰富的数字资源。读者可以借助手机或其他移动设备扫描二维码获取相关内容的微课视频，从而更方便地理解和掌握本书内容。本书还提供了优质课件、教案、素材、程序源代码及项目实训和项目考核答案等配套教学资源，读者可以登录文旌综合教育平台"文旌课堂"查看和下载。

此外，本书还提供了在线题库，支持"教学作业，一键发布"，教师只需通过微信或"文旌课堂"App 扫描扉页二维码，即可迅速选题、一键发布、智能批改，并查看学生的作业分析报告，提高教学效率、提升教学体验。学生可在线完成作业，巩固所学知识，提高学习效率。

本书由杜晓鸣担任主审，任宏、宋延兵、李春林担任主编，樊睿担任副主编，王晓燕、郭伊、祖立卓、于娜、艾佳伟参与编写。

本书在编写过程中，参考了大量的资料并引用了部分文章和图片等。这些引用的资料大部分已获授权，但由于部分资料来自网络，我们未能确认出处，也暂时无法联系到原作者。对此，我们深表歉意，并欢迎原作者随时与我们联系，我们将按规定支付稿酬。

由于编者水平有限，书中存在的疏漏或不当之处，敬请广大读者批评指正。

本书配套资源下载网址和联系方式

网址：https://www.wenjingketang.com
电话：400-117-9835
邮箱：book@wenjingketang.com

CONTENTS 目录

基础篇

项目 1　搭建计算机视觉开发环境……2

项目目标…………………………………… 2
项目描述…………………………………… 3
项目分析…………………………………… 3
项目准备…………………………………… 3
1.1　计算机视觉概述…………………… 4
 1.1.1　什么是计算机视觉………… 4
 1.1.2　计算机视觉的相关学科…… 4
 1.1.3　计算机视觉的常见任务…… 5
1.2　认识 OpenCV ……………………… 7
 1.2.1　什么是 OpenCV …………… 7
 1.2.2　OpenCV 的主要模块……… 7
项目实施——搭建计算机视觉
    开发环境……………………… 8
项目实训………………………………… 18
项目总结………………………………… 21
项目考核………………………………… 22
项目评价………………………………… 23

项目 2　夯实计算机视觉开发基础……24

项目目标………………………………… 24

项目描述………………………………… 25
项目分析………………………………… 25
项目准备………………………………… 25
2.1　图像处理基础……………………… 26
 2.1.1　图像的数字化……………… 26
 2.1.2　数字图像的分类…………… 27
2.2　图像的基本操作…………………… 28
 2.2.1　读取、显示和保存图像…… 28
 2.2.2　查看图像属性……………… 31
2.3　图像的几何变换…………………… 32
 2.3.1　图像的缩放与翻转………… 32
 2.3.2　图像的仿射变换…………… 35
2.4　绘制图形和文本…………………… 39
 2.4.1　绘制图形…………………… 39
 2.4.2　绘制文本…………………… 41
项目实施——猫狗数据集的
    图像增广……………………… 43
项目实训………………………………… 48
项目总结………………………………… 49
项目考核………………………………… 49
项目评价………………………………… 51

应 用 篇

项目 3　色彩分割 ·············· 54

项目目标 ················· 54
项目描述 ················· 55
项目分析 ················· 55
项目准备 ················· 55
3.1　色彩空间与通道 ········· 56
   3.1.1　常用的色彩空间 ······ 56
   3.1.2　色彩空间的转换 ······ 57
   3.1.3　通道的拆分与合并 ····· 58
   3.1.4　提取指定颜色范围的
        像素值 ············ 62
3.2　图像的基本运算 ·········· 64
   3.2.1　加法运算 ·········· 64
   3.2.2　加权加法运算 ······· 67
   3.2.3　位运算 ············ 68
项目实施——农产品图像的
        色彩分割 ·········· 70
项目实训 ················· 74
项目总结 ················· 75
项目考核 ················· 75
项目评价 ················· 77

项目 4　图像平滑处理 ·········· 78

项目目标 ················· 78
项目描述 ················· 79
项目分析 ················· 79
项目准备 ················· 79
4.1　图像的直方图处理 ········ 80
   4.1.1　认识直方图 ········· 80
   4.1.2　绘制直方图 ········· 81
   4.1.3　直方图均衡化 ········ 83

4.2　图像平滑滤波 ············ 86
   4.2.1　均值滤波 ··········· 86
   4.2.2　高斯滤波 ··········· 88
   4.2.3　中值滤波 ··········· 89
   4.2.4　双边滤波 ··········· 90
项目实施——对图像的感兴趣区域
        进行平滑模糊 ······ 92
项目实训 ················· 95
项目总结 ················· 96
项目考核 ················· 97
项目评价 ················· 98

项目 5　形状识别 ·············· 99

项目目标 ················· 99
项目描述 ················ 100
项目分析 ················ 100
项目准备 ················ 100
5.1　边缘检测 ··············· 101
   5.1.1　图像梯度 ·········· 101
   5.1.2　Canny 边缘检测 ····· 106
5.2　图像轮廓 ··············· 109
   5.2.1　轮廓的查找与绘制 ···· 109
   5.2.2　轮廓的长度与面积 ···· 111
   5.2.3　轮廓的拟合 ········· 112
5.3　霍夫变换 ··············· 115
   5.3.1　霍夫直线变换 ······· 115
   5.3.2　霍夫圆变换 ········· 116
项目实施——交通标志形状识别
        与分类 ············ 118
项目实训 ················ 121
项目总结 ················ 123

项目考核……………………………… 123
项目评价……………………………… 125

项目 6　物体检测与计数……………126

项目目标……………………………… 126
项目描述……………………………… 127
项目分析……………………………… 127
项目准备……………………………… 127
6.1　阈值处理…………………… 128
　6.1.1　全局阈值处理………… 128
　6.1.2　Otsu 阈值处理………… 130
　6.1.3　自适应阈值处理……… 132
6.2　形态学变换………………… 134
　6.2.1　形态学变换基础……… 134
　6.2.2　腐蚀与膨胀…………… 135
　6.2.3　开运算与闭运算……… 139
　6.2.4　形态学其他运算……… 141
项目实施——纽扣检测与计数…… 143
项目实训……………………………… 146
项目总结……………………………… 148
项目考核……………………………… 148
项目评价……………………………… 150

项目 7　图像拼接……………………151

项目目标……………………………… 151
项目描述……………………………… 152
项目分析……………………………… 152
项目准备……………………………… 152
7.1　图像金字塔………………… 153
　7.1.1　高斯金字塔…………… 153
　7.1.2　拉普拉斯金字塔……… 155
7.2　特征检测与匹配…………… 157
　7.2.1　特征检测……………… 157

7.2.2　特征匹配……………… 161
7.3　透视变换…………………… 166
项目实施——风景图像全景拼接…… 168
项目实训……………………………… 171
项目总结……………………………… 172
项目考核……………………………… 173
项目评价……………………………… 174

项目 8　视频处理……………………175

项目目标……………………………… 175
项目描述……………………………… 176
项目分析……………………………… 176
项目准备……………………………… 176
8.1　视频处理基础……………… 177
　8.1.1　视频的读取…………… 177
　8.1.2　视频文件属性的获取
　　　　　与设置………………… 179
8.2　视频的保存………………… 181
　8.2.1　cv2.VideoWriter 类的
　　　　　构造方法……………… 181
　8.2.2　写入帧………………… 182
　8.2.3　释放 cv2.VideoWriter 类的
　　　　　对象…………………… 182
项目实施——对比赛视频进行
　　　　　　分帧操作……………… 183
项目实训……………………………… 185
项目总结……………………………… 186
项目考核……………………………… 187
项目评价……………………………… 188

项目 9　人脸检测与识别……………189

项目目标……………………………… 189
项目描述……………………………… 190

项目分析……………………………………190
项目准备……………………………………190
9.1 人脸检测………………………………191
    9.1.1 人脸检测的原理……………191
    9.1.2 人脸检测的编程实现………193
9.2 人脸识别………………………………196
    9.2.1 人脸识别的方法……………196
    9.2.2 人脸识别的编程实现………197

项目实施——实验室成员人脸检测
          与识别…………………200
项目实训……………………………………204
项目总结……………………………………205
项目考核……………………………………206
项目评价……………………………………207

参考文献……………………………………208

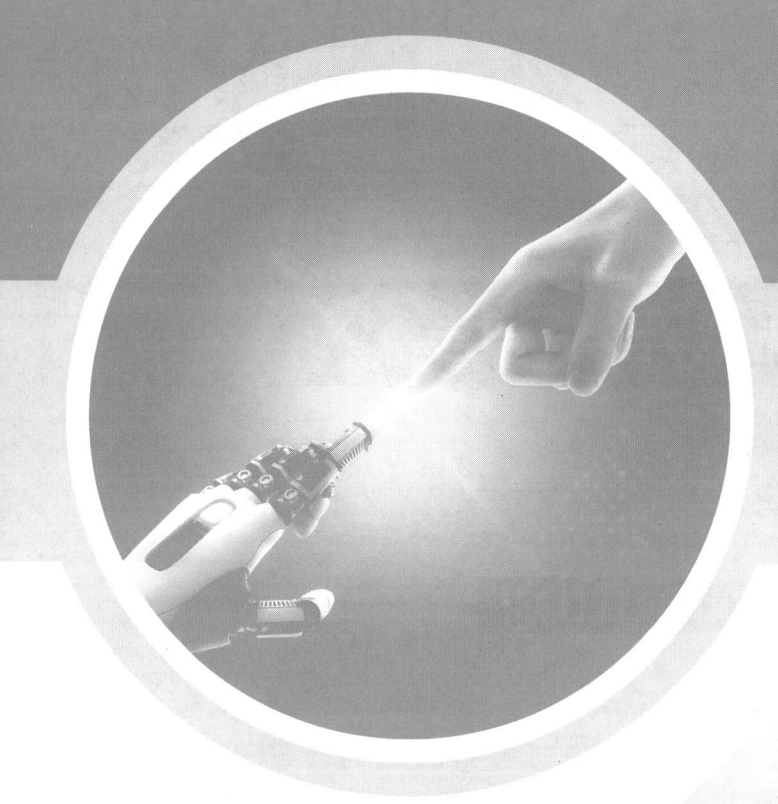

基础篇

JI CHU PIAN

项目 1
搭建计算机视觉开发环境

📖 项目目标

📝 知识目标
- 掌握计算机视觉的概念。
- 理解计算机视觉与相关学科的关系。
- 了解计算机视觉的常见任务。
- 了解 OpenCV 及其主要模块。

🔧 技能目标
- 能够成功搭建计算机视觉开发环境。
- 能够使用 PyCharm 完成 Python 程序的编辑、运行和调试。

⭐ 素养目标
- 锻炼学生的动手能力,增强积极主动寻求解决问题方法的意识。
- 培养学生服务集体、团结协作的团队精神。

项目 1　搭建计算机视觉开发环境

项目描述

近年来，随着人工智能技术及大数据的不断发展，计算机视觉以其可视性、规模性和普适性逐步成为 AI 落地应用的关键领域之一，在理论研究和工程应用上均得到了迅猛发展。小旌也关注到了这一点，决定加入计算机视觉的开发队伍。

小旌了解到，OpenCV 是一个开源的计算机视觉库，广泛应用于图像处理的各个领域。同时，OpenCV 支持多种编程语言，包括 Python、C++和 Java 等。其中，Python 语言具有语法简洁、功能强大等特点。因此，小旌决定搭建基于 Python 的 OpenCV 计算机视觉的开发环境。

项目分析

按照项目要求，将搭建计算机视觉开发环境的步骤分解如下。

第 1 步：安装 Python。从 Python 的官方网站下载 Python 软件包并安装。

第 2 步：安装 OpenCV。在命令提示符窗口中使用 pip 命令下载并安装 OpenCV-Contrib-Python 库。

第 3 步：安装 PyCharm。从 PyCharm 的官方网站下载 PyCharm 软件包并安装。

第 4 步：使用 PyCharm。启动 PyCharm，并使用 PyCharm 编辑、运行和调试程序。

为了更好地进行计算机视觉的开发，本项目将对相关知识进行介绍，包括计算机视觉的概念、计算机视觉与相关学科的关系、计算机视觉的常见任务，以及 OpenCV 的简介和主要模块。

项目准备

全班学生以 3~5 人为一组进行分组，各组选出组长。组长组织组员扫码观看"计算机视觉技术的发展历程"视频，讨论并回答下列问题。

问题 1： 简述 Marr 理论。

问题 2： 简述 20 世纪 90 年代计算机视觉技术的发展变化。

计算机视觉技术的发展历程

计算机视觉技术及应用

1.1 计算机视觉概述

1.1.1 什么是计算机视觉

计算机视觉（computer vision, CV）是一门研究如何使机器"看"的科学，其目标是实现对图像的理解。更具体地说，计算机视觉是用计算机来模拟人的视觉功能，从客观事物的图像中提取信息，进行处理并加以理解，最终用于图像识别、跟踪和测量等任务。

> **指点迷津**
>
> 视觉在人类对客观世界的观察和认知中起着重要的作用，人类从外界获得的信息约有 75% 来自视觉系统，这既说明视觉信息量巨大，也说明人类对视觉信息有较高的利用率。人工智能系统要想具有智能，"看"的科学不能忽视，故计算机视觉成为了人工智能领域的一门重要学科，其原理主要来源于人类视觉。

从狭义上讲，视觉的最终目的是对客观场景做出有意义的解释和描述。从广义上讲，它还包括基于这些解释和描述，根据周围环境和观察者的意愿来确定行动规划，从而作用于周围的世界，这些实际上也都是计算机视觉的目标。

作为一门学科，计算机视觉研究相关的理论和技术，试图建立能够从图像或者多维数据中获取"信息"的人工智能系统。这里的信息是指可以用来帮助做"决定"的数据。因为感知可以看作是从感官信号中提取信息，所以计算机视觉也可以看作是研究如何使人工智能系统从图像或多维数据中"感知"世界的科学。

1.1.2 计算机视觉的相关学科

作为一门学科，计算机视觉与许多学科都有着千丝万缕的联系。

1. 图像处理

图像处理通常是把一幅图像变换成另一幅图像，也就是说，图像处理系统输入的是图像，输出的仍然是图像。虽然图像处理泛指各种图像技术，但比较狭义的图像处理主要关注的是输出图像的视觉感知效果。这包括对图像进行各种加工调整以改善图像的视觉效果；在保证所需视觉感受的基础上，对图像进行压缩，减少所需存储空间或传输时间；在不影响原始图像外观的前提下，给图像增加一些附加信息等。

2. 机器视觉或机器人视觉

很多情况下，机器视觉或机器人视觉与计算机视觉都作为同义词使用。具体地说，通常认为计算机视觉更侧重于场景分析及图像解释的理论和方法，而机器视觉更关注通过视觉传感器获取环境的图像，构建具有视觉感知功能的系统，以及实现检测和辨识物体的算法。另外，机器人视觉更强调机器人的机器视觉，要让机器人具有视觉感知功能。

3. 模式识别

模式识别用于研究分类问题，确定符号、图像、物体等输入对象的类别，强调一类事物区别于其他事物所具有的共同特征。图像的模式识别主要集中在对图像中感兴趣区域内容的分类、分析和描述。计算机视觉的研究中使用了很多模式识别的概念和方法，但视觉信息有其特殊性和复杂性，传统的模式识别并不能将计算机视觉全部包括进去。

4. 人工智能

人工智能是指能够让机器或系统像人一样拥有智力和能力，可以代替人类实现识别、认知、分析和决策等多种功能的技术。计算机视觉与人工智能密切相关，计算机视觉的研究中使用了许多人工智能技术，它可以作为人工智能的一个重要应用领域，并借助人工智能的理论研究成果获得经验。

5. 计算机图形学

计算机图形学是通过几何基元（如线、圆和自由曲面等）来生成图像的，它在可视化和虚拟现实中起着重要作用。计算机视觉正好用于解决相反的问题，即从图像中估计几何基元和其他特征，属于图像分析。需要注意的是，与计算机视觉中存在许多不确定性相比，计算机图形学处理的多是确定性问题，是通过数学途径可以解决的问题。

1.1.3 计算机视觉的常见任务

1. 图像分类

图像分类旨在判断该图像所属的类别，即给定一幅输入图像，解决"是什么"的问题。其方法是将图像结构化为某一类别的信息，用事先确定好的标签或类别来描述图像。

图像分类是计算机视觉中的一项基础研究任务，是目标检测、图像分割、目标跟踪等其他高级视觉任务的基础，在许多领域都有着广泛的应用。例如，智慧城市领域的智能视频场景分析、交通领域的场景识别、军事侦察和危险环境的自主机器人环境感知等。

2. 目标检测

目标检测是指通过算法自动检测出图像中常见物体的大致位置，通常用边界框表示，并识别出边界框中物体的类别信息，主要是解决"是什么，在哪里"的问题，如

图 1-1 所示。目标检测比图像分类的难度更高,在目标检测中,不仅要给出图像中包含了哪些物体,还要给出包含物体的具体位置。

图 1-1　车辆目标检测

人脸识别在娱乐、安防及风控等行业的应用越来越广泛,它主要应用了目标检测技术。例如,现在自拍软件都必备自动对焦和自动美颜功能;在安防、风控领域,人脸识别的应用大大提高了工作效率并节省了人力成本。此外,人脸识别还可用于账户的登录和保障资金安全,如网银的人脸识别登录和支付等。

3. 图像分割

图像分割是通过算法自动分割并识别出图像中的内容,可以将图像分割理解为每个像素点的分类问题,通过分析每个像素点的物体类别信息,解决"每个像素属于哪类目标物或场景"的问题。图像分割可分为语义分割和实例分割,其中,语义分割只区分图像中的每个像素属于哪个类别,实例分割需要区分每个像素属于同一类别的不同实例,如图 1-2 所示。

图 1-2　图像分割

图像分割主要应用于无人驾驶、医学影像诊断、地理信息系统和机器人等领域。在无人驾驶中,需要为汽车增加必要的感知器,让它们了解自己所处的环境,使无人驾驶的汽车可以安全行驶。通过车载摄像头或激光雷达探查到图像后,无人驾驶汽车将图像输入到模型中,后台计算机可以自动将图像分割归类,以避让行人和车辆等障碍。

4. 目标跟踪

目标跟踪是在给定目标初始位置的情况下,根据所设计的模型来预测后续视频图像帧中目标的位置和移动尺度等信息的过程。

目标跟踪广泛应用于机器人导航、智能监控视频、工业检测和航空航天等领域，目标跟踪的主要任务是找到图像序列中运动的物体，并将不同帧的运动物体一一对应，最后给出物体的运动轨迹。

1.2 认识 OpenCV

1.2.1 什么是 OpenCV

OpenCV（open source computer vision library）是一个跨平台的开放源代码的计算机视觉库，主要用于实时图像处理、计算机视觉和机器学习等领域，提供了超过 2 500 个优化的算法和功能模块。OpenCV 项目启动于 1999 年，目前已经成为广泛应用的计算机视觉库之一，在 Windows、Linux、macOS 等平台都有广泛的应用。

在计算机视觉项目的开发中，OpenCV 作为较大众的开源库，拥有了丰富的常用图像处理函数库，能够快速地实现一些图像处理和识别任务。此外，OpenCV 还提供了多种语言（Python、C++和 Java 等）的使用接口、机器学习的基础算法调用等，从而使得图像处理和图像分析变得更加简单易行，可以让开发人员将更多的精力放在视觉整体的设计上。

1.2.2 OpenCV 的主要模块

OpenCV 的基本单元是模块，每个模块都包含了大量函数。OpenCV 的主要模块如表 1-1 所示。

表 1-1 OpenCV 的主要模块

模块名称	模块功能
core	核心模块，包含基本数据结构和基本操作函数
imgproc	图像处理模块，提供了基本的图像处理功能
highgui	高级图形用户界面模块，包含图形用户界面和文件读取的基本函数
video	视频分析模块，包含读取和写入视频流的函数
calib3d	摄像机校准与三维重建模块，提供了摄像机校准和三维重建相关的功能
features2d	2D 功能模块，提供了用于特征检测、描述符匹配和特征匹配等的算法

表 1-1（续）

模块名称	模块功能
gpu	GPU 加速库，提供了基于 CUDA GPU 上的优化加速算法
ml	机器学习模块，提供了大量的统计模型和机器学习算法
stitching	图像拼接模块，提供了拼接流水线、自动校准、接缝估测、曝光补偿等算法
objdetect	目标检测模块，提供了人脸识别、行人检测等算法

素养之窗

清华大学科研工作者历时十余年攻坚完成的"无约束人像目标智能感知与理解"项目，使得"火眼金睛"成为现实，并获得了"吴文俊人工智能自然科学奖一等奖"（该奖是中国智能科学技术的最高奖，又称中国人工智能界的"诺贝尔奖"）。专家表示，这项成果可以不受光线、图像分辨率、妆容改变或遮挡等影响，实现较为精准的 AI 人像识别。未来，这项技术将让计算机在辨人、测谎、生成数字人等领域踏上高速发展的赛道。

项目实施——搭建计算机视觉开发环境

1. 安装 Python

步骤 1 访问 https://www.python.org/downloads/windows/，在打开的下载页面中选择 "Stable Releases" → "Python 3.10.10-Feb.8,2023" → "Download Windows installer(64-bit)" 选项，如图 1-3 所示。

安装 Python

图 1-3 下载 Python

项目 1 搭建计算机视觉开发环境

指点迷津

下载安装程序时，应根据操作系统的类型（32 位或 64 位操作系统）选择合适的版本进行下载。

步骤 2 双击下载好的 python-3.10.10-amd64.exe 文件，在打开的对话框中勾选"Add python.exe to PATH"复选框（将安装路径添加到系统环境变量 Path 中），然后选择"Customize installation"选项，如图 1-4 所示。

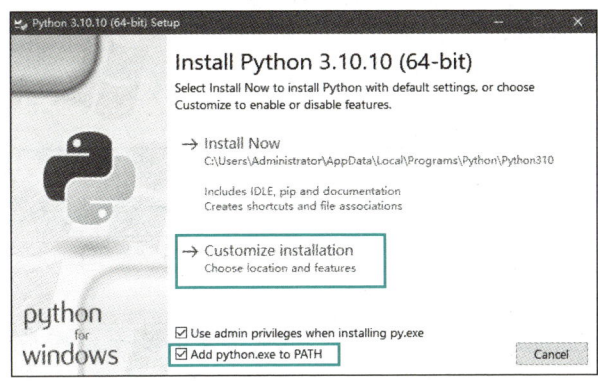

图 1-4 Python 安装向导

指点迷津

如果安装时没有勾选"Add python.exe to PATH"复选框，那么系统就无法自动完成环境变量的配置。因此，读者须在安装完成后手动配置环境变量，将 Python 的安装路径添加到环境变量中。

步骤 3 显示"Optional Features"界面，选择 Python 提供的工具包，一般保持默认全部选中状态，然后单击"Next"按钮，如图 1-5 所示。

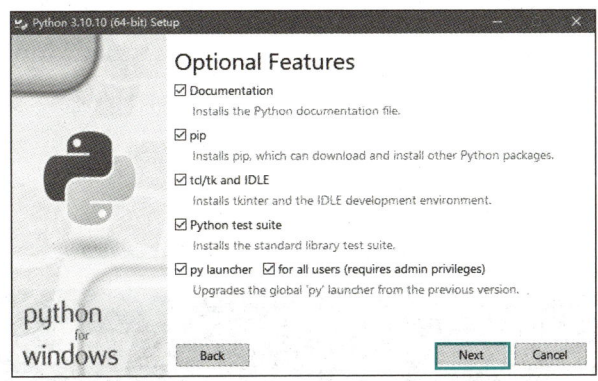

图 1-5 选择 Python 提供的工具包

步骤 4 显示"Advanced Options"界面，勾选"Install Python 3.10 for all users"复选框（为所有用户安装），在"Customize install location"编辑框中设置安装路径（如 D:\Program Files\Python310，也可单击"Browse"按钮选择安装目录），然后单击"Install"按钮，如图1-6所示。

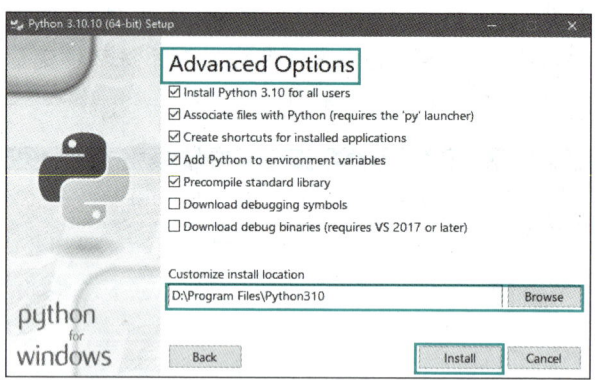

图1-6　选择高级选项与安装路径

步骤 5 显示"Setup Progress"界面，开始安装并显示安装进度，如需取消安装，可单击"Cancel"按钮，如图1-7所示。安装成功后，单击"Close"按钮关闭对话框即可。

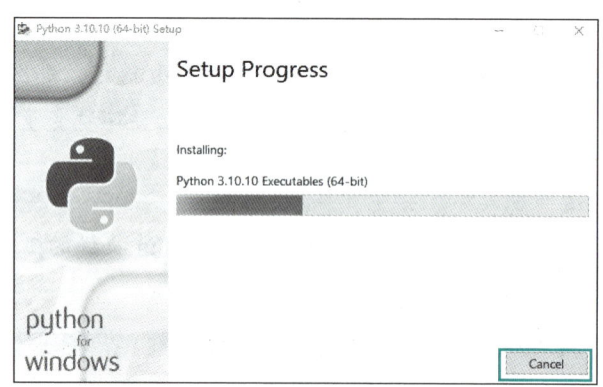

图1-7　安装进度

步骤 6 打开命令提示符（cmd）窗口，输入并执行"python"命令。如果出现类似图1-8所示的结果，说明Python安装成功。

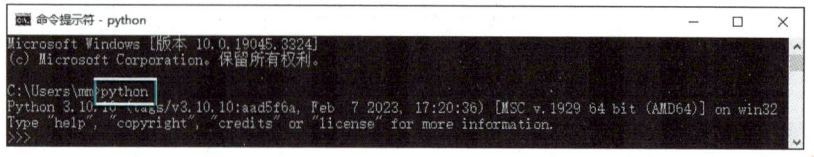

图1-8　验证Python是否安装成功

项目 1　搭建计算机视觉开发环境

2. 安装 OpenCV

步骤 1　打开命令提示符窗口，输入并执行"pip install -i https://pypi.tuna.tsinghua.edu.cn/simple opencv-contrib-python"命令，开始安装 OpenCV，如图 1-9 所示。

安装 OpenCV

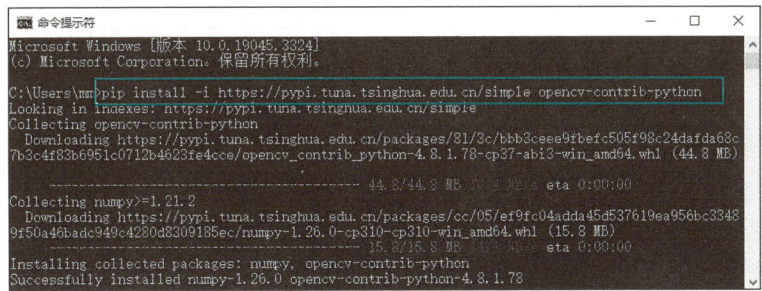

图 1-9　OpenCV 安装界面

> **指点迷津**
>
> 在命令"pip install -i https://pypi.tuna.tsinghua.edu.cn/simple opencv-contrib-python"中，"-i https://pypi.tuna.tsinghua.edu.cn/simple"用于指定下载 OpenCV 镜像文件的源地址。
>
> 基于 Python 的 OpenCV 库有两种，一种是 OpenCV-Python，另一种是 OpenCV-Contrib-Python，前者只包含 OpenCV 的主要模块，后者包含了 OpenCV 的主要模块及扩展模块。

步骤 2　在命令提示符窗口中，输入并执行"pip list"命令，可在显示列表中看到"opencv-contrib-python"及其版本号，说明 OpenCV 安装成功，如图 1-10 所示。

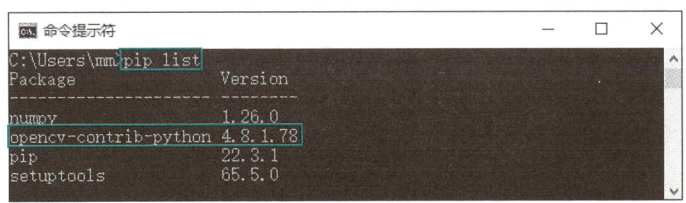

图 1-10　验证 OpenCV 是否安装成功

3. 安装 PyCharm

步骤 1　访问 https://www.jetbrains.com/pycharm/download/#section=windows，在打开的下载页面中单击"Community"下的"Download"按钮，下载社区版 PyCharm，如图 1-11 所示。

安装 PyCharm

11

计算机视觉技术及应用

图 1-11　下载 PyCharm

步骤 2　双击下载好的 pycharm-community-2022.3.3.exe 文件，根据安装提示进行操作即可完成安装。

指点迷津

在"Choose Install Location"界面中选择安装路径时，建议避开系统盘。在"Installation Options"界面中应勾选所有复选框，如图 1-12 所示。

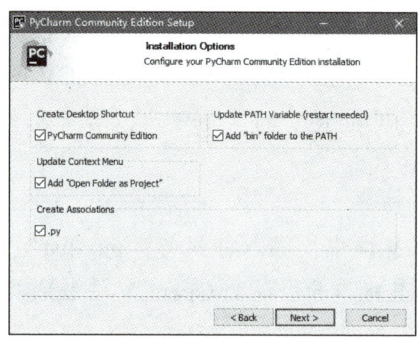

图 1-12　设置安装选项

4. 使用 PyCharm

步骤 1　运行 PyCharm，打开"Import PyCharm Settings"对话框，勾选"Do not import settings"单选按钮，然后单击"OK"按钮，如图 1-13 所示。

使用 PyCharm

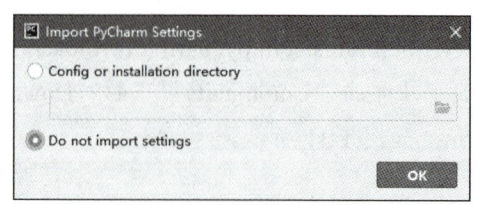

图 1-13　PyCharm 导入设置

项目 1 搭建计算机视觉开发环境

步骤 2 打开"Welcome to PyCharm"对话框,在左侧窗格选择"Customize"选项,在右侧窗格"Color theme"的下拉列表中选择"IntelliJ Light"选项,如图1-14所示。"IntelliJ Light"主题的用户界面如图1-15所示。

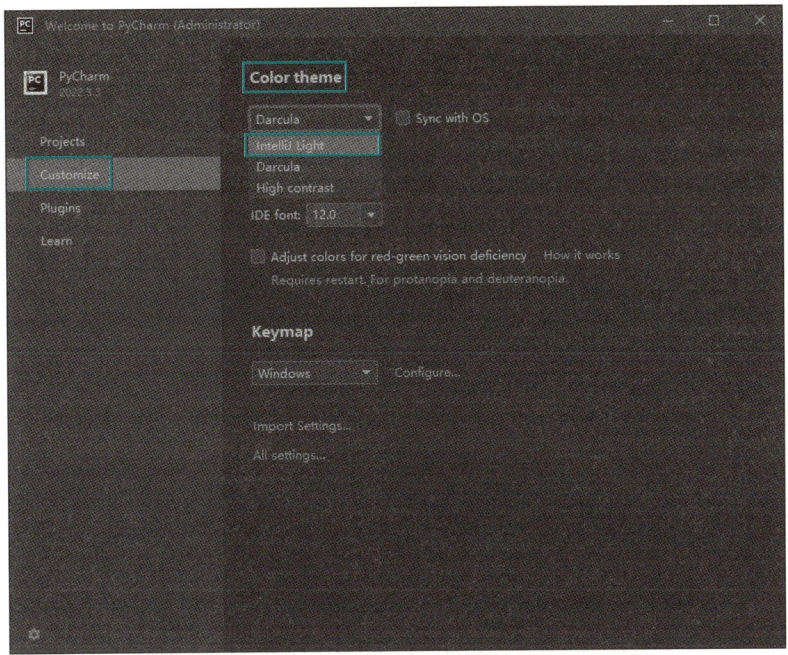

图 1-14 设置用户界面的主题

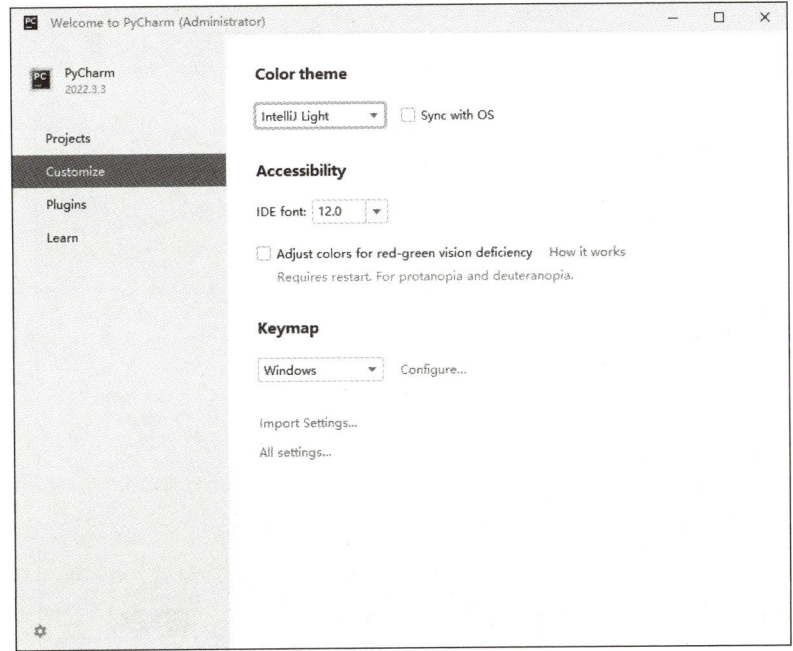

图 1-15 "IntelliJ Light"主题的用户界面

步骤 3 在打开的"Welcome to PyCharm"对话框中,首先选择左侧窗格的"Projects"选项,然后单击右侧窗格的"New Project"按钮,如图 1-16 所示。

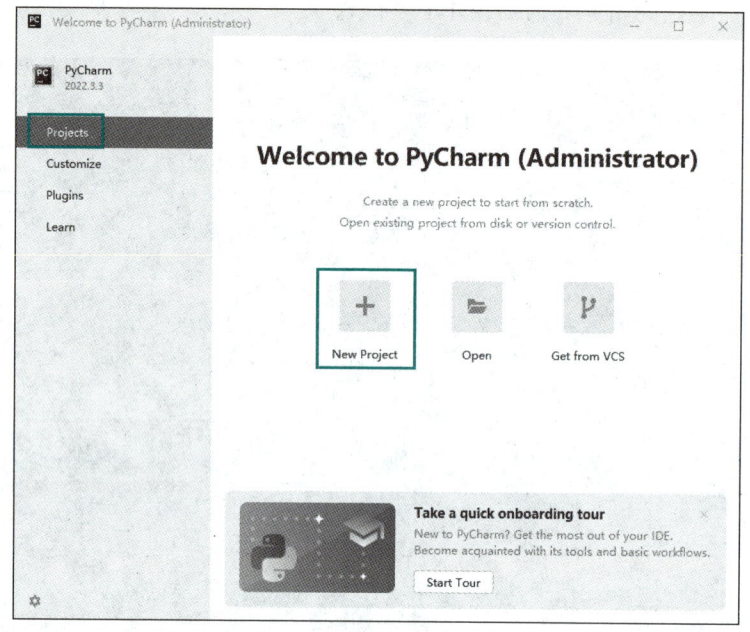

图 1-16 PyCharm 欢迎界面

步骤 4 显示"New Project"界面,在"Location"编辑框中设置项目保存的路径并将项目命名为"Project1",如图 1-17 所示。

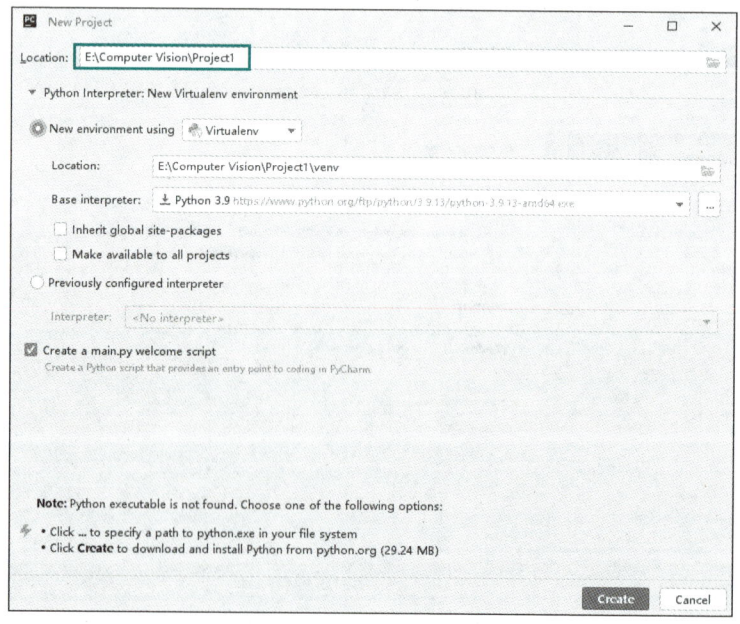

图 1-17 设置项目保存位置

项目 1 搭建计算机视觉开发环境

步骤 5 选中"Previously configured interpreter"单选按钮，然后单击"Add Interpreter"右侧的下拉按钮，选择"Add Local Interpreter"选项，如图 1-18 所示。

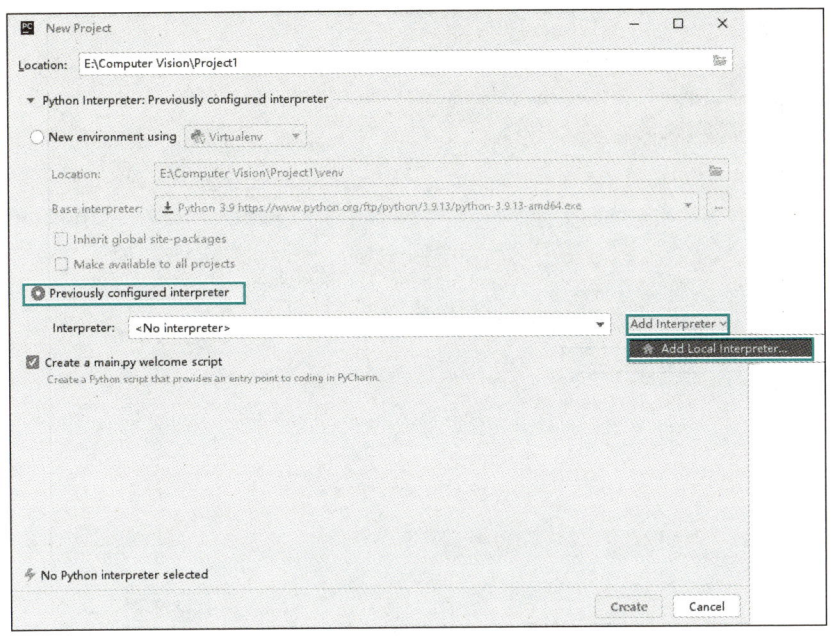

图 1-18 设置新建项目使用本地系统环境

步骤 6 打开"Add Python Interpreter"界面，在左侧窗格选择"Virtualenv Environment"选项，在右侧窗格选中"Existing"单选按钮，然后单击"…"按钮，进入选择 Python 解释器界面，选择相应的 Python 解释器，单击"OK"按钮，返回"Add Python Interpreter"界面，单击"OK"按钮，完成 Python 解释器的添加，如图 1-19 所示。

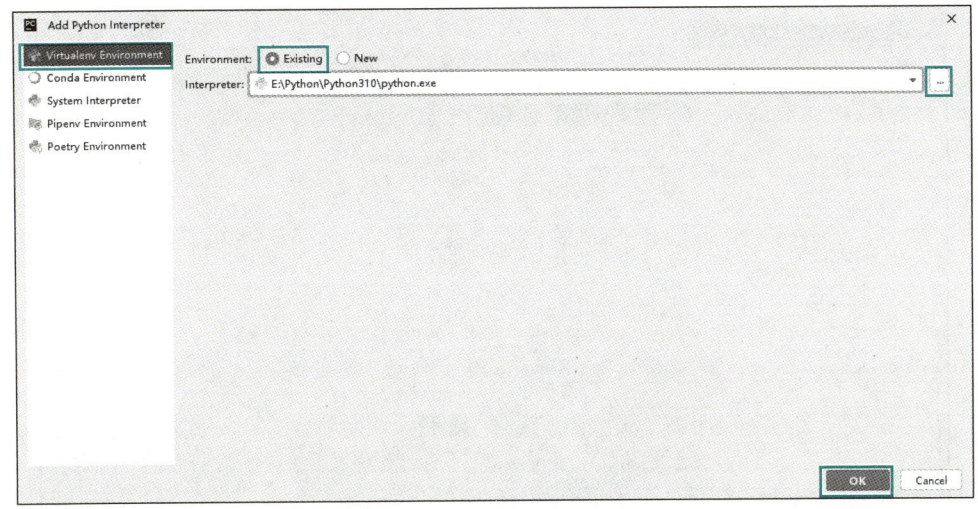

图 1-19 添加 Python 解释器

15

步骤 7 返回"New Project"界面，取消勾选"Create a main.py welcome script"复选框，然后单击"Create"按钮，如图 1-20 所示。

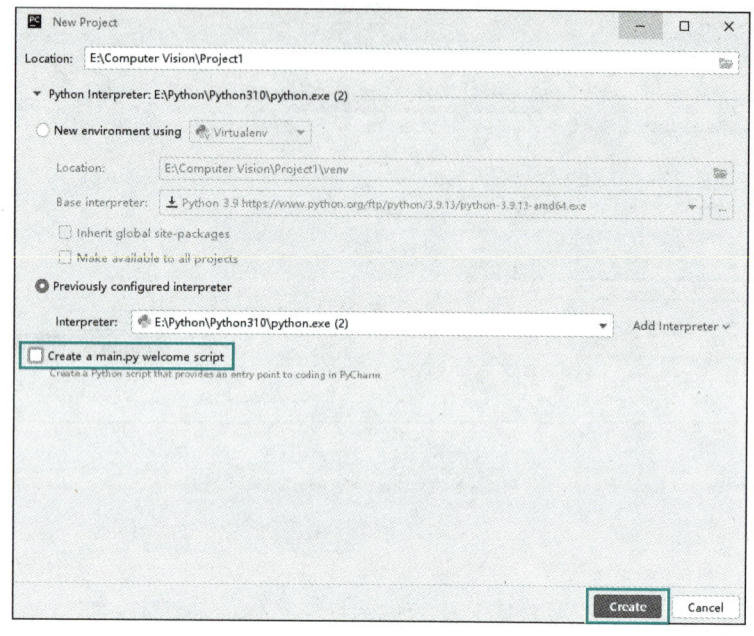

图 1-20 完成项目的创建

步骤 8 此时打开了 PyCharm 工作窗口，在左侧窗格会显示创建的"Project1"项目，右击项目名称"Project1"，在弹出的快捷菜单中选择"New"→"Python File"选项，如图 1-21 所示。

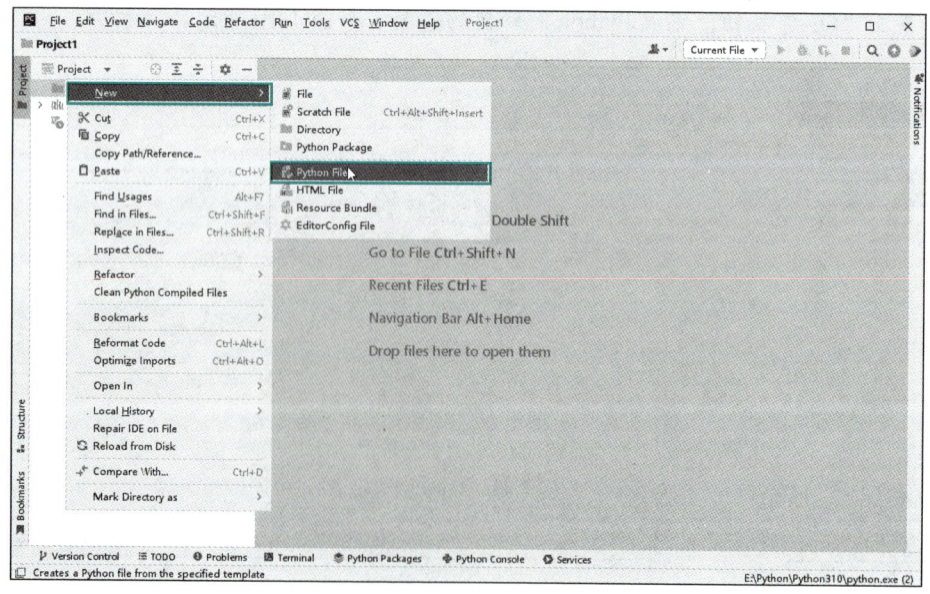

图 1-21 新建 Python 文件

项目 1 搭建计算机视觉开发环境

步骤 9 打开"New Python file"对话框，将文件命名为"test"，然后双击"Python file"选项，如图 1-22 所示。

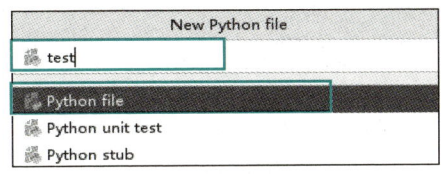

图 1-22　Python 文件命名

步骤 10 进入"test.py"程序编辑界面，在程序编辑区输入程序，如图 1-23 所示。

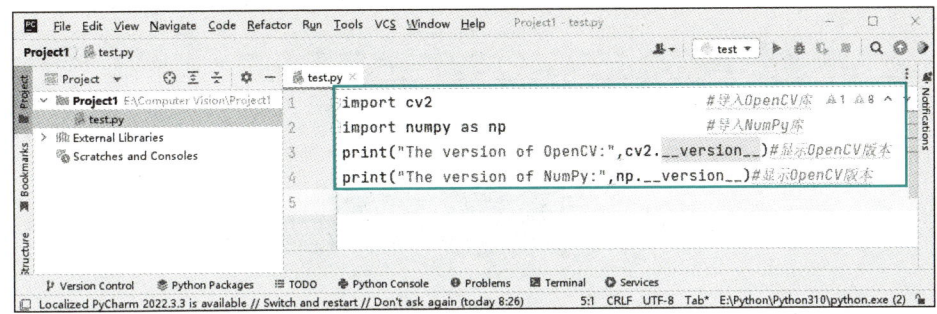

图 1-23　输入程序

步骤 11 在菜单栏中选择"Run"→"Run 'test'"选项，运行程序，如图 1-24 所示。

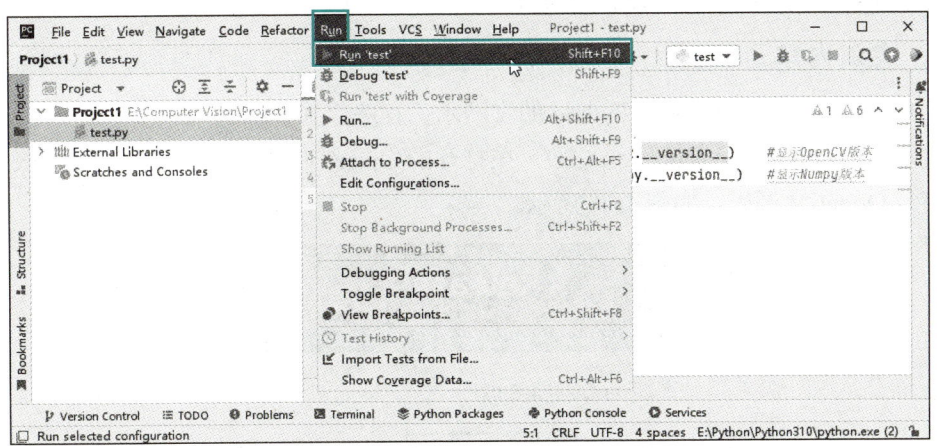

图 1-24　运行程序

步骤 12 打开程序运行窗口，显示程序运行结果，如图 1-25 所示。

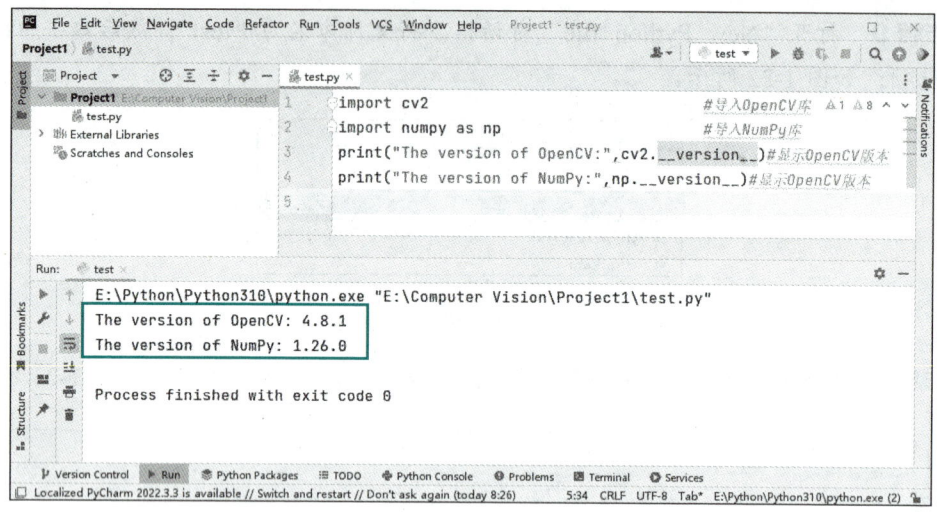

图 1-25 程序运行结果

项目实训

1. 实训目的

（1）能够下载并查看 OpenCV-Python 的示例程序。

（2）熟练使用 PyCharm 新建项目和 Python 程序。

（3）熟练使用 PyCharm 编辑和运行 Python 程序。

2. 实训内容

（1）下载并查看 OpenCV-Python 的官网示例程序。

① 访问 https://opencv.org/releases/，在打开的 OpenCV 发布页面中单击"Sources"按钮，下载 OpenCV 源码，如图 1-26 所示。

图 1-26 OpenCV 发布页面

② 将下载好的压缩包"opencv-4.8.0.zip"进行解压。

③ 在解压后的文件夹中，打开文件夹"…\opencv-4.8.0\samples\python"，其中包含了 OpenCV-Python 的示例程序。

> **指点迷津**
>
> 在"…\opencv-4.8.0\samples\data"文件夹中包含了运行 OpenCV-Python 示例程序需要的图像或其他资源。

④ OpenCV-Python 提供了一些示例程序，可以查看和运行示例程序。例如，右击示例程序"find_obj.py"，在弹出的快捷菜单中选择"打开方式"→"记事本"选项，即可在记事本中打开示例程序，如图 1-27 所示。

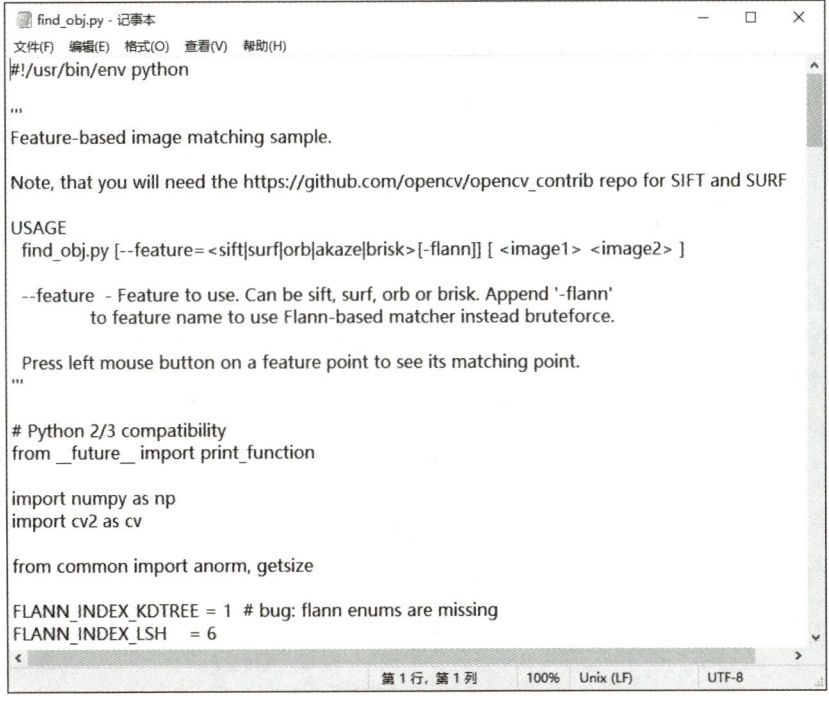

图 1-27　在记事本中打开示例程序"find_obj.py"

⑤ 双击示例程序"find_obj.py"，运行该程序，其运行结果如图 1-28 所示。

图 1-28　示例程序"find_obj.py"的运行结果

（2）使用 PyCharm 新建项目和 Python 程序，编辑并运行程序。

① 打开 PyCharm，新建项目，命名为"Practice1"，配置其使用本地系统环境；然后在该项目中新建一个 Python 文件，命名为"train1.py"。

② 在右侧程序编辑区，输入下列程序并运行。

```
import cv2                    #导入cv2模块
import numpy as np            #导入numpy模块并重命名为np
print('''                     #打印输出内容，多行文本使用'''    '''符号
******************
hello!计算机视觉技术
******************
''')
```

3．实训小结

按要求完成实训内容，并将实训过程中遇到的问题和解决办法记录在表 1-2 中。

表 1-2　实训过程

序　号	主要问题	解决办法
1		
2		
3		

项目 1 搭建计算机视觉开发环境

项目总结

完成本项目的学习与实践后，请总结应掌握的重点内容，并将图 1-29 中的空白处填写完整。

```
搭建计算机视觉开发环境
├── 计算机视觉概述
│   ├── 什么是计算机视觉
│   │   计算机视觉是一门研究如何使机器"看"的科学，其目标是实现对图像的（　　　）
│   ├── 计算机视觉的相关学科
│   │   ├── 图像处理
│   │   │   图像处理通常是把一幅图像变换成（　　　）
│   │   ├── 机器视觉或机器人视觉
│   │   │   计算机视觉更侧重于场景分析和图像解释的理论和方法，而机器视觉更关注通过视觉传感器获取环境的图像，构建具有视觉感知功能的系统，以及实现检测和辨识物体的算法
│   │   ├── 模式识别
│   │   │   图像的模式识别主要集中在对图像中感兴趣内容的分类、分析和描述
│   │   ├── 人工智能
│   │   │   计算机视觉的研究中使用了许多人工智能技术，它可以作为人工智能的一个重要应用领域，并借助人工智能的理论研究成果获得经验
│   │   └── 计算机图形学
│   │       计算机图形学是通过几何基元来生成图像，计算机视觉是从图像中估计几何基元和其他特征，属于图像分析
│   └── 计算机视觉的常见任务
│       ├── 图像分类
│       ├── 目标检测
│       ├── 图像分割
│       └── 目标跟踪
└── OpenCV 概述
    ├── 什么是 OpenCV
    │   OpenCV 是一种跨平台的开放源代码的（　　　），主要用于实时图像处理、计算机视觉和机器学习等领域
    └── OpenCV 的主要模块
        ├── core：（　　　）模块，包含基本数据结构和基本操作函数
        ├── imgproc：（　　　）模块，提供了基本的图像处理功能
        ├── highgui：（　　　）模块，包含图形用户界面和文件读取的基本函数
        ├── video：（　　　）模块，包含读取和写视频流的函数
        ├── calib3d：（　　　）模块，提供了摄像机校准和三维重建相关的功能
        ├── features2d：（　　　）模块，提供了用于特征检测、描述符匹配和特征匹配等的算法
        ├── gpu：（　　　）加速库，提供了基于CUDA GPU 上的优化加速算法
        ├── ml：（　　　）模块，提供了大量的统计模型和机器学习算法
        ├── stitching：（　　　）模块，提供了拼接流水线、自动校准、接缝估测、曝光补偿等算法
        └── objdetect：（　　　）模块，提供了人脸识别、行人检测等算法
```

图 1-29 项目总结

项目考核

1. 选择题

（1）下列不属于计算机视觉常见任务的是（　　）。
　　A．图像分类　　　　　　　　B．图像分割
　　C．语音识别　　　　　　　　D．目标检测

（2）（　　）用于研究分类问题，确定符号、图像、物体等输入对象的类别，强调一类事物区别于其他事物所具有的共同特征。
　　A．模式识别　　　　　　　　B．计算机图形学
　　C．图像处理　　　　　　　　D．机器视觉

（3）下列不属于 OpenCV-Python 开发工具的是（　　）。
　　A．Python　　　　　　　　　B．OpenCV-Conrib-Python 库
　　C．PyCharm　　　　　　　　D．xpath 库

（4）下列关于 OpenCV 库的描述中，错误的是（　　）。
　　A．主要用于游戏开发　　　　B．开放源代码的计算机视觉库
　　C．主要用于图像处理　　　　D．提供了机器学习算法

（5）作为初学者，可下载 PyCharm 软件的（　　）进行学习。
　　A．普通版　　　　　　　　　B．社区版
　　C．高级版　　　　　　　　　D．专业版

2. 填空题

（1）＿＿＿＿＿＿是一门研究如何使机器"看"的科学，其目标是实现对图像的理解。

（2）图像分割可分为语义分割和＿＿＿＿＿＿。

（3）＿＿＿＿＿＿是通过几何基元来生成图像，它在可视化和虚拟现实中起着重要作用。

（4）＿＿＿＿＿＿命令是用于查找、下载、安装和卸载 Python 库的管理工具。

（5）在命令"pip install -i https://pypi.tuna.tsinghua.edu.cn/simple opencv-contrib-python"中，"-i https://pypi.tuna.tsinghua.edu.cn/simple"用于指定＿＿＿＿＿＿。

3. 简答题

（1）计算机视觉的常见任务有哪些？

（2）OpenCV 的核心模块是什么？它主要包括哪些函数？

项目评价

结合本项目的学习情况，完成项目评价，并将评价结果填入表 1-3 中。

表 1-3　项目评价

评价项目	评价内容	评价分数			
		分值	自评	互评	师评
项目完成度评价（20%）	项目准备阶段，回答问题是否清晰准确，能够紧扣主题，没有明显错误	5 分			
	项目实施阶段，是否能够根据操作步骤完成本项目	5 分			
	项目实训阶段，是否能够出色完成实训内容	5 分			
	项目总结阶段，是否能够正确地将项目总结的空白信息补充完整	2 分			
	项目考核阶段，是否能够正确地完成考核题目	3 分			
知识评价（30%）	是否掌握计算机视觉技术的概念	10 分			
	是否理解计算机视觉与相关学科的关系	5 分			
	是否了解计算机视觉的常见任务	5 分			
	是否了解 OpenCV 及其主要模块	10 分			
技能评价（30%）	是否能够下载、安装 Python 并验证安装的情况	5 分			
	是否能够安装 OpenCV 并验证安装的情况	10 分			
	是否能够下载、安装 PyCharm	5 分			
	是否能够使用 PyCharm 完成 Python 程序的编辑、运行和调试	10 分			
素养评价（20%）	是否能够遵守课堂纪律，上课精神是否饱满	5 分			
	是否具有自主学习意识，做好课前准备	5 分			
	是否善于思考，积极参与，勇于提出问题	5 分			
	是否具有团队合作精神，出色完成小组任务	5 分			
合计	综合分数_____自评（25%）+互评（25%）+师评（50%）	100 分			
	综合等级_____	指导老师签字_____			
综合评价（创新、进步及不足）					

项目 2
夯实计算机视觉开发基础

项目目标

知识目标

- 了解图像数字化的两个关键环节。
- 了解数字图像的分类。
- 掌握图像的常用属性及其含义。

技能目标

- 能够使用 OpenCV 进行图像的读取、显示和保存。
- 能够使用 OpenCV 进行图像的几何变换。
- 能够使用 OpenCV 进行图形和文字的绘制。

素养目标

- 夯实基础,培养一丝不苟的工作态度,增强积极主动寻求解决方法的意识。
- 践行服务集体、服从纪律、团结协作、顾全大局的团队精神。

项目 ❷ 夯实计算机视觉开发基础

项目描述

计算机视觉技术的基础是图像处理。图像处理中的图像增广技术可以对图像进行缩放、翻转、平移、旋转、倾斜等多种变换,从而产生多张相似而不同的图像,用于图像分类任务。

现有一个猫狗数据集(共有 100 幅图像),小旌欲使用该数据集进行图像分类,但由于该数据集的数量不足,故小旌打算先使用图像增广技术来扩充该数据集。小旌采用的图像增广方式为裁剪和翻转,通过这两种变换方式,可分别生成两批不同的图像,以实现扩充数据集的目的。

项目分析

按照项目要求,将猫狗数据集进行图像增广的步骤分解如下。

第 1 步:数据准备。查看已有图像的情况,并创建用于存放增广图像文件的文件夹。

第 2 步:图像裁剪。对图像进行统一尺寸的裁剪,并将裁剪后的图像保存到指定文件夹中。

第 3 步:图像翻转。对图像进行随机翻转,并将翻转后的图像保存到指定文件夹中。

为了实现猫狗数据集的图像增广,本项目将对相关知识进行介绍,包括图像的数字化,数字图像的分类,图像的读取、显示和保存,图像的几何变换,以及在图像上绘制图形和文本。

项目准备

全班学生以 3~5 人为一组进行分组,各组选出组长。组长组织组员扫码观看"计算机眼中的图像"视频,讨论并回答下列问题。

问题 1:组成图像的基本单元是什么?

问题 2:彩色图像是由哪几个通道组成的?

计算机眼中的图像

2.1 图像处理基础

图像是人类对视觉感知的物质再现，是自然景物的客观反映，是人类认识世界的重要源泉。"图"是物体反射或透射光的分布，"像"是人的视觉系统所接受的图在人脑中所形成的映像或认识。图像分为模拟图像和数字图像两种。模拟图像是指在二维空间中连续变化的图像，如传统胶片相机拍摄到的照片即为模拟图像。数字图像是指以二维数组形式表示的图像，如计算机中的图像即为数字图像。若要使用计算机对模拟图像进行处理，则需要先对其进行数字化处理。

2.1.1 图像的数字化

图像的数字化是指将模拟图像转换成数字图像的过程，即将连续的模拟图像离散化成规则网格，并用计算机以数字的方式记录各网格点的亮度信息，由此得到的图像。采样和量化是图像数字化的两个关键环节。

1. 采样

采样是将空间上连续的图像转换为离散点的过程，如图 2-1 所示。两个相邻采样点之间的间隔称为采样间隔，在 x、y 两个方向上的采样间隔分别用 Δx、Δy 表示。对于同一幅图像，采样间隔越小，所得到的像素数就越多，空间分辨率就越高，图像也就越清晰；采样间隔越大，所得到的像素数就越少，空间分辨率就越低，图像也就越模糊。采样间隔过大时会出现马赛克效应。

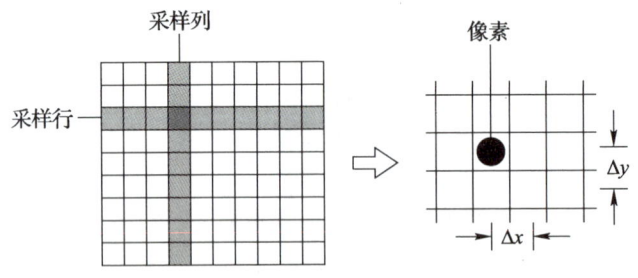

图 2-1 采样

2. 量化

经采样后的图像在空间上为离散的像素，但其灰度值仍然是连续的，此时的图像需要经过量化才能被计算机处理。量化是将采样得到的连续的灰度值通过模/数转换器等转换为离散的整数值。为了能够反映图像的细节变化，量化的等级要足够高。量化等级越高，图像所含的信息就越丰富，灰度分辨率就越高，图像质量也就越好，但数据量会增多；量化等级越低，图像所含的信息就越简单，灰度分辨率就越低，图像质量也就越差。量化等级过低时会出现虚假轮廓效应。

2.1.2 数字图像的分类

按图像像素所包含信息的不同，可将数字图像分为二值图像、灰度图像、彩色图像、索引图像等。

1. 二值图像

二值图像又称黑白图像，是指每个像素均为黑色或白色的图像。在 OpenCV 中，白色的像素值为 255，黑色的像素值为 0。

二值图像所包含的信息较少，所占用的存储空间较小，实用性强。二值图像通常用于文字、线条图的扫描识别和掩模图像的存储。

2. 灰度图像

灰度图像又称灰阶图像，是指每个像素为不同深度的灰色或黑白两色的图像。灰度图像灰度值的取值范围为 0～255。其中，0 表示黑色，255 表示白色，中间的数值从小到大表示由黑到白的过渡色。在灰度图像中，每个像素的灰度值可用不同的方法表示，其中最常见的是用 8 位无符号整数来表示，这种表示方法有 256 种不同的取值；还可用 16 位整数或 32 位浮点数来表示，这种表示方法可提高灰度分辨率。

灰度图像去除了颜色信息，保留了图像的亮度、结构和形状等方面的信息。在计算机视觉中，灰度图像被广泛应用于图像分析、图像增强、特征提取和图像识别等任务。

3. 彩色图像

彩色图像通常由多个叠加的彩色通道组成，每个通道代表给定颜色分量的强度值。典型的 3 通道彩色图像由红（red, R）、绿（green, G）、蓝（blue, B）叠加而成。每个通道分量直接决定该通道的颜色强度，因此通过控制 RGB 这 3 个通道的比例就可以决定该像素最终的显示颜色。

> **指点迷津**
>
> 像素强度值和通道是数字图像的两个重要概念。像素强度值是图像被数字化时由计算机赋予的亮度值，通常使用 8 位来表示 1 个像素，取值范围为 0～255。
>
> 通道是图像具有色彩的基础，一幅彩色图像通常有多个通道，这些通道组合形成丰富的色彩表现。图像通道主要有 3 种类型：颜色通道、Alpha（透明度）通道和专色通道。典型的 4 通道图像的组合为红色通道、绿色通道、蓝色通道和 Alpha 通道。

4. 索引图像

索引图像的结构比较复杂，不仅包含图像的二维矩阵，还包含颜色索引矩阵。颜色索引矩阵的大小由存放图像信息的矩阵元素的值域决定。索引图像一般用来表示对色彩要求比较简单的图像，如果图像对色彩要求较复杂，则需要用彩色图像表示。

2.2 图像的基本操作

2.2.1 读取、显示和保存图像

1. 读取图像

OpenCV 提供的 cv2.imread()函数用于实现图像的读取，其格式如下。

```
dst=cv2.imread(filename[,flag=1])
```

其中，dst 表示读取到的图像，若无法读取图像（原因包括缺少文件、权限不正确、格式不支持或格式无效），则返回 None；filename 表示要读取图像的完整路径名；flag 表示图像读取的标记，为可选参数，默认为 cv2.IMREAD_COLOR，其常用的取值和含义如表 2-1 所示。

表 2-1 常用的图像读取标记取值和含义

选 项	等价数值	含 义
cv2.IMREAD_UNCHANGED	−1	读取完整图像，包括 alpha 通道
cv2.IMREAD_GRAYSCALE	0	以灰度模式读取图像
cv2.IMREAD_COLOR	1	读取彩色图像，但忽略 alpha 通道，为默认值

> **指点迷津**
>
> 在 cv2.imread()函数中，参数 filename 既可以为相对路径，也可以为绝对路径。例如，要读取当前项目目录（又称工作目录）下的"car.png"文件，语句可写为"image=cv2.imread('car.png')"，此时使用的是相对路径；要读取 D 盘根目录下的"flower.jpg"文件，语句可写为"image=cv2.imread('D:/flower.jpg')"，此时使用的是绝对路径。

2. 显示图像

OpenCV 提供的 cv2.imshow()函数用于直观地显示图像，该函数一般需要配合 cv2.waitKey()和 cv2.destroyAllWindows()函数使用。

（1）cv2.imshow()函数用于显示图像，其格式如下。

```
cv2.imshow(winname,mat)
```

其中，winname 表示窗口名称，如果窗口名称已存在，则将图像显示在该窗口中，否则新建一个名为 winname 的窗口，并显示图像；mat 表示要显示的图像。

（2）cv2.waitKey()函数用于等待用户按下键盘上的任意按键，其格式如下。

```
retval=cv2.waitKey([delay=0])
```

其中，retval 表示返回值，若没有按键被按下，则返回–1，若有按键被按下，则返回按键对应的 ASCII 码；delay 表示等待用户按下按键的时间，单位为 ms，默认为 0，当其值为负数或 0 时，表示无限等待。

（3）cv2.destroyAllWindows()函数用于释放（销毁）所有正在显示图像的窗口，其格式如下。

```
cv2.destroyAllWindows()
```

【例 2-1】 编写程序，使用 OpenCV 读取和显示图像 "car.png"（见本书配套素材 "例题图像/car.png"），并设置窗口持续显示功能，按任意键释放窗口。

指点迷津

开始编写程序前，须先将本书配套素材中的图像文件 "例题图像/car.png" 复制到 OpenCV 的当前工作目录下，后续例题均须将素材图像复制到 OpenCV 的当前工作目录下，不再赘述。

【参考代码】

```
import cv2                          #导入 OpenCV 库
image=cv2.imread("car.png")         #读取图像
cv2.imshow("car",image)             #显示图像
cv2.waitKey()                       #窗口等待，按任意键继续
cv2.destroyAllWindows()             #释放所有窗口
```

【运行结果】 程序运行结果如图 2-2 所示。

图 2-2 例 2-1 程序运行结果

图 2-2 的彩色图像

高手点拨

（1）显示图像的窗口名称尽量不使用中文，否则容易出现乱码。

（2）如果使用函数 cv2.waitKey()设置窗口显示图像的时间为 3 s，则语句可改为"cv2.waitKey(3000)"。

3. 保存图像

OpenCV 提供的 cv2.imwrite()函数用于按照指定路径和格式保存图像，其格式如下。

retval=cv2.imwrite(filename,img)

其中，retval 表示返回值，若保存成功，则返回 True，否则返回 False；filename 表示保存图像的完整路径名，包含文件扩展名；img 表示需要保存的图像数据。

【例 2-2】 编写程序，使用 OpenCV 以灰度模式读取并显示图像"car.png"（见本书配套素材"例题图像/car.png"），若按下的键为字母"s"，则保存图像后退出，否则直接退出。

【参考代码】

```
import cv2                                    #导入OpenCV库
#以灰度模式读取图像
image=cv2.imread("car.png",cv2.IMREAD_GRAYSCALE)
cv2.imshow("car",image)                       #显示图像
k=cv2.waitKey()                               #窗口等待，等待按下任意键
if k==ord('s'):                               #判断按下的键是否为字母"s"
    cv2.imwrite("D:/save_car.jpg",image)      #保存图像
cv2.destroyAllWindows()                       #释放所有窗口
```

【运行结果】 程序运行结果如图 2-3 所示，当按下的键为字母"s"时，会将图像保存到 D 盘根目录下的文件"save_car.jpg"中。

图 2-3 例 2-2 程序运行结果

2.2.2 查看图像属性

在处理图像的过程中，经常需要获取图像的相关属性，如大小、数据类型等。为此，OpenCV 提供了图像的 3 个常用属性，这些属性的说明如表 2-2 所示。

表 2-2 图像的常用属性和说明

属 性	说 明
shape	图像的形状。若为彩色图像，则返回的是一个包含图像的像素行数、像素列数和通道数组成的元组；若为灰度图像，则返回的是一个包含图像的像素行数和像素列数组成的元组
size	图像包含的像素个数。其值为"像素行数×像素列数×通道数"，灰度图像的通道数为 1
dtype	图像的数据类型

【例 2-3】 编写程序，使用 OpenCV 分别以默认模式和灰度模式读取图像"car.png"（见本书配套素材"例题图像/car.png"），并分别显示图像的形状、像素个数和数据类型。

【参考代码】

```
import cv2                                          #导入OpenCV库
image_Color=cv2.imread("car.png")                   #读取彩色图像
print("显示彩色图像的属性：")
#显示图像的形状，格式为(垂直像素,水平像素,通道数)
print("shape =",image_Color.shape)
print("size =",image_Color.size)                    #显示图像包含的像素个数
print("type =",image_Color.dtype)                   #显示图像的数据类型
#以灰度模式读取图像
image_Gray=cv2.imread("car.png",cv2.IMREAD_GRAYSCALE)
print("显示灰度图像的属性：")
#显示图像的形状，格式为(垂直像素,水平像素)
print("shape =",image_Gray.shape)
print("size =",image_Gray.size)                     #显示图像包含的像素个数
print("dtype =",image_Gray.dtype)                   #显示图像的数据类型
```

【运行结果】 程序运行结果如图 2-4 所示。

```
显示彩色图像的属性：
shape = (603, 978, 3)
size = 1769202
type = uint8
显示灰度图像的属性：
shape = (603, 978)
size = 589734
dtype = uint8
```

图 2-4 例 2-3 程序运行结果

2.3 图像的几何变换

在日常生活中，往往需要对图像进行缩放、平移、旋转等操作，这类操作改变了原图像中各个区域的空间关系，对于这类操作，通常称为图像的几何变换。

2.3.1 图像的缩放与翻转

1. 图像的缩放

几何变换中的放大和缩小不是指在物理空间中某一个物体的放大和缩小。放大图像实际上是对图像矩阵进行拓展，而缩小图像实际上是对图像矩阵进行压缩。放大图像会增大图像文件大小，缩小图像会减小文件大小。OpenCV 提供的 cv2.resize() 函数用于实现图像的缩放，其格式如下。

```
dst=cv2.resize(src,dsize[,fx=None[,fy=None[,interpolation=cv2.INTER_LINEAR]]])
```

其中，dst 表示输出图像，即缩放后的图像；src 表示输入图像，即待缩放的图像；dsize 表示输出图像的大小；fx 表示水平方向的缩放比例，为可选参数，默认为 None；fy 表示垂直方向的缩放比例，为可选参数，默认为 None；interpolation 表示插值方式，用于选择在缩放过程中对无法映射的像素赋值的方式，为可选参数，默认为 cv2.INTER_LINEAR，常用的插值方式和含义如表 2-3 所示。

表 2-3 常用的插值方式和含义

插值方式	含 义
cv2.INTER_NEAREST	最邻近插值，将距离新像素所在位置最近的像素值赋值给新像素
cv2.INTER_LINEAR	双线性插值，根据水平方向和垂直方向临近的 4 个像素值，计算对应权重并赋值给新像素，为默认值
cv2.INTER_CUBIC	双立方插值，4×4 像素邻域的双立方插值
cv2.INTER_LANCZOS4	8×8 像素邻域的 Lanczos 插值
cv2.INTER_AREA	使用像素区域关系进行重采样

高手点拨

图像缩放可分为等比例缩放（宽高比不变）和任意比例缩放（图像拉伸）两种情况。

用户可以通过设置参数 fx 和参数 fy 实现任意比例缩放，此时需要将参数 dsize 的值设置为 None。参数 fx 和参数 fy 可以使用浮点类型，当它们的值小于 1 时，表示缩小图像，当它们的值大于 1 时，表示放大图像。

【例 2-4】 编写程序，使用 OpenCV 的 cv2.resize() 函数对图像 "bear.png"（见本书配套素材 "例题图像/bear.png"）进行缩放，并显示原图像和缩放后的图像。

【参考代码】

```
import cv2                                  #导入 OpenCV 库
img=cv2.imread("bear.png")                  #读取图像
dst1=cv2.resize(img,None,fx=2,fy=2)         #将宽和高放大到原图像的 2 倍
#将宽缩小到原图像的 1/3、高缩小到原图像的 1/2
dst2=cv2.resize(img,None,fx=1/3,fy=1/2)
#按照宽 200 像素、高 200 像素的大小进行缩小
dst3=cv2.resize(img,(200,200))
cv2.imshow("Input",img)                     #显示原图像
cv2.imshow("Resize1",dst1)                  #显示缩放图像
cv2.imshow("Resize2",dst2)
cv2.imshow("Resize3",dst3)
cv2.waitKey()                               #窗口等待，按任意键继续
cv2.destroyAllWindows()                     #释放所有窗口
```

【运行结果】 程序运行结果如图 2-5 所示。

（a）原图像　　　　　　　　（b）宽和高放大 2 倍后的图像

（c）宽缩小到 1/3、高缩小到 1/2 的图像

（d）缩小为宽 200 像素、高 200 像素的图像

图 2-5　例 2-4 程序运行结果

2. 图像的翻转

图像的翻转分为水平翻转和垂直翻转两种。水平翻转沿 y 轴翻转，呈现出镜面效果；垂直翻转则沿 x 轴翻转，呈现出倒影效果。

OpenCV 提供的 cv2.flip()函数用于实现图像的翻转，其格式如下。

dst=cv2.flip(src,flipCode)

其中，dst 表示输出图像，即翻转后的图像；src 表示输入图像，即原图像；flipCode 表示翻转类型，常用的翻转类型和含义如表 2-4 所示。

表 2-4　常用的翻转类型和含义

翻转类型	含　义
0	沿 x 轴翻转
正数	沿 y 轴翻转
负数	同时沿 x 轴和 y 轴翻转

【例 2-5】　编写程序，使用 OpenCV 的 cv2.flip()函数对图像"river.png"（见本书配套素材"例题图像/river.png"）进行翻转，并显示原图像和翻转后的图像。

【参考代码】

```
import cv2                              #导入OpenCV库
img=cv2.imread("river.png")             #读取图像
dst1=cv2.flip(img,1)                    #沿y轴翻转
dst2=cv2.flip(img,0)                    #沿x轴翻转
dst3=cv2.flip(img,-1)                   #同时沿x轴和y轴翻转
cv2.imshow("Input",img)                 #显示原图像
cv2.imshow("Flip1",dst1)                #显示翻转后的图像
cv2.imshow("Flip2",dst2)
cv2.imshow("Flip3",dst3)
cv2.waitKey()                           #窗口等待，按任意键继续
cv2.destroyAllWindows()                 #释放所有窗口
```

【运行结果】　程序运行结果如图 2-6 所示。

（a）原图像　　　　　　　　　　　　（b）沿 y 轴翻转后的图像

（c）沿 x 轴翻转后的图像　　　　　　（d）同时沿 x 轴和 y 轴翻转后的图像

图 2-6　例 2-5 程序运行结果

2.3.2　图像的仿射变换

图像的仿射变换是将图像进行一系列的线性变换（如缩放、旋转等）和平移变换得到新图像的操作。新图像保留了原图像点间的"平直性"、线间的"平行性"、线段间的长度比一致等性质。

指点迷津

"平直性"是指图像中的直线在经过仿射变换后，仍然是直线。"平行性"是指图像中的平行线在经过仿射变换后，仍然是平行线。

OpenCV 提供的 cv2.warpAffine() 函数用于实现图像的仿射变换，其格式如下。

```
dst=cv2.warpAffine(src,M,dsize[,flags=cv2.INTER_LINEAR])
```

其中，dst 表示输出图像，即仿射变换后的图像；src 表示输入图像，即原图像；M 表示 2×3 的变换矩阵，使用不同的变换矩阵，可以实现不同的仿射变换；dsize 表示输出图像的大小；flags 表示插值方式，为可选参数，默认为 cv2.INTER_LINEAR。

cv2.warpAffine() 函数通过变换矩阵 M 将输入图像 src 转换为目标图像 dst，若变换矩阵 M 为

$$M = \begin{bmatrix} m_{11} & m_{12} & m_{13} \\ m_{21} & m_{22} & m_{23} \end{bmatrix}$$

则

$$dst(x, y) = src(m_{11}x + m_{12}y + m_{13}, m_{21}x + m_{22}y + m_{23})$$

进行何种形式的仿射变换完全取决于变换矩阵 M。下面分别介绍如何通过不同的变换矩阵 M 实现不同的仿射变换。

1. 图像的平移

实现图像平移变换时，假设 x 轴方向的平移量为 t_x，y 轴方向的平移量为 t_y，则变换矩阵 M 为

$$M = \begin{bmatrix} 1 & 0 & t_x \\ 0 & 1 & t_y \end{bmatrix}$$

若已知了变换矩阵 M，则可直接调用 cv2.warpAffine() 函数实现图像的平移。

指点迷津

> 若 t_x 为正数，则图像向右移动，若 t_x 为负数，则图像向左移动；若 t_y 为正数，则图像向下移动，若 t_y 为负数，则图像向上移动；若 t_x 和 t_y 的值为 0，则图像不移动。

【例 2-6】 编写程序，使用 OpenCV 的 cv2.warpAffine() 函数对图像 "apple.jpg"（见本书配套素材 "例题图像/apple.jpg"）进行平移（将图像向右移动 50 像素、向下移动 100 像素），并显示原图像和平移后的图像。

【参考代码】

```
import cv2                              #导入 OpenCV 库
import numpy as np                      #导入 NumPy 库
img=cv2.imread("apple.jpg")             #读取图像
rows=len(img)                           #获取图像行数
cols=len(img[0])                        #获取图像列数
M=np.float32([[1,0,50],                 #向右移动 50 像素
              [0,1,100]])               #向下移动 100 像素
dst=cv2.warpAffine(img,M,(cols,rows))
cv2.imshow("Input",img)                 #显示原图像
cv2.imshow("Trans",dst)                 #显示平移后的图像
cv2.waitKey()                           #窗口等待，按任意键继续
cv2.destroyAllWindows()                 #释放所有窗口
```

【运行结果】 程序运行结果如图 2-7 所示。

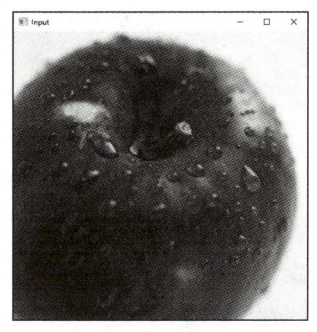 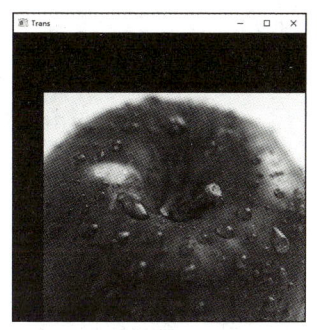

（a）原图像　　　　　　　　（b）平移后的图像

图 2-7　例 2-6 程序运行结果

2. 图像的旋转

图像旋转是以图像中的某一点为原点，旋转一定的角度，图像上的所有像素都会旋转一个相同的角度。旋转后图像的大小一般会改变，因为要把旋转出显示区域的图像截去，或者扩大图像范围来显示完整的图像。

在 OpenCV 中，要实现图像的旋转变换，需要先使用 cv2.getRotationMatrix2D()函数获取变换矩阵，再调用 cv2.warpAffine()函数进行旋转变换。cv2.getRotationMatrix2D()函数格式如下。

```
retval=cv2.getRotationMatrix2D(center,angle,scale)
```

其中，retval 表示计算得到的变换矩阵；center 表示图像旋转的中心点坐标；angle 表示图像旋转的角度，正数表示逆时针旋转，负数表示顺时针旋转；scale 表示图像缩放比例。

【例 2-7】　编写程序，使用 OpenCV 的 cv2.getRotationMatrix2D()和 cv2.warpAffine()函数对图像"apple.jpg"（见本书配套素材"例题图像/apple.jpg"）进行旋转，以图像中心为旋转的中心点，逆时针旋转 30 度，并将图像缩小为原图像的 80%。

【参考代码】

```
import cv2                                  #导入OpenCV库
img=cv2.imread("apple.jpg")                 #读取图像
rows=len(img)                               #获取图像行数
cols=len(img[0])                            #获取图像列数
center=(rows/2,cols/2)                      #图像的中心点
#以图像中心为旋转的中心点，逆时针旋转30度，并将图像缩小为原图像的80%
M=cv2.getRotationMatrix2D(center,30,0.8)
dst=cv2.warpAffine(img,M,(cols,rows))       #旋转变换
cv2.imshow("Input",img)                     #显示原图像
cv2.imshow("Rotate",dst)                    #显示旋转后的图像
```

```
cv2.waitKey()                          #窗口等待，按任意键继续
cv2.destroyAllWindows()                #释放所有窗口
```

【运行结果】　程序运行结果如图 2-8 所示。

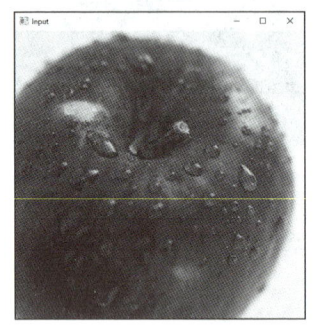
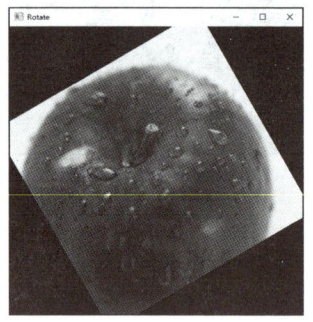

（a）原图像　　　　　　　　　　（b）旋转后的图像

图 2-8　例 2-7 程序运行结果

3．图像的倾斜

OpenCV 需要定位图像的 3 个点来计算倾斜效果，这 3 个点分别是"左上角"的点 A、"右上角"的点 B 和"左下角"的点 C，如图 2-9 所示。因为要保证图像的"平直性"和"平行性"，OpenCV 会根据这 3 个点的位置变化来计算其他像素的位置变化，无须"右下角"的点作为第 4 个参数。

图 2-9　通过 3 个点实现图像的倾斜效果

OpenCV 提供的 cv2.getAffineTransform() 函数用于计算图像倾斜的变换矩阵，其格式如下。

```
retval=cv2.getAffineTransform(src,dst)
```

其中，retval 表示计算得到的变换矩阵；src 表示输入图像的 3 个点的坐标，格式为 3 行 2 列的 32 位浮点型列表；dst 表示输出图像的 3 个点的坐标，格式与 src 相同。

【例 2-8】　编写程序，使用 OpenCV 的 cv2.getAffineTransform() 和 cv2.warpAffine() 函数对图像"apple.jpg"（见本书配套素材"例题图像/apple.jpg"）进行倾斜变换，并显示原图像和倾斜后的图像。

【参考代码】

```
import cv2                             #导入 OpenCV 库
import numpy as np                     #导入 NumPy 库
```

```
img=cv2.imread("apple.jpg")              #读取图像
rows=len(img)                            #获取图像行数
cols=len(img[0])                         #获取图像列数
#获取原图像3个点的坐标，32位浮点型
p1=np.float32([[0,0],[cols-1,0],[0,rows-1]])
#获取倾斜图像对应3个点的坐标，32位浮点型
p2=np.float32([[0,rows*0.33],[cols*0.85,rows*0.25],
[cols*0.15,rows*0.7]])
M=cv2.getAffineTransform(p1,p2)#根据3个点的变化轨迹计算出变换矩阵
dst=cv2.warpAffine(img,M,(cols,rows))    #按照变换矩阵进行倾斜
cv2.imshow("Input",img)                  #显示原图像
cv2.imshow("Incline",dst)                #显示倾斜后的图像
cv2.waitKey()                            #窗口等待，按任意键继续
cv2.destroyAllWindows()                  #释放所有窗口
```

【运行结果】 程序运行结果如图 2-10 所示。

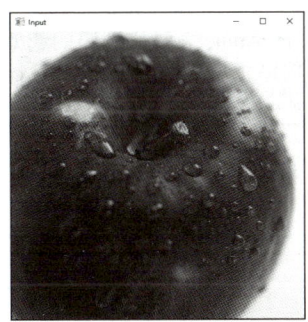
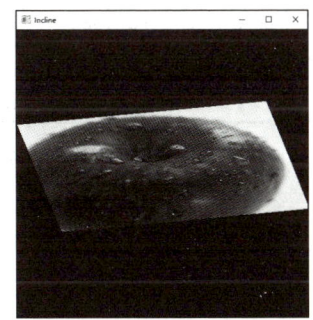

（a）原图像　　　　　　　　　（b）倾斜后的图像

图 2-10　例 2-8 程序运行结果

2.4 绘制图形和文本

2.4.1 绘制图形

OpenCV 提供了封装好的绘图函数，用户不需要关心如何修改像素值，直接调用就可以绘制线段、矩形、圆、多边形和椭圆等图形，常用的绘图函数如表 2-5 所示。

表 2-5　常用的绘图函数

函　数	说　明
cv2.line(image,pt1,pt2,color[,thickness=1,[lineType=8]])	绘制线段。其中，image 表示画布，即在其上绘制图形的载体图像；pt1 表示线段的起点坐标；pt2 表示线段的终点坐标；color 表示所绘制线段的颜色；thickness 表示线段的粗细，为可选参数，默认为 1，数字越大线段越粗；lineType 表示线段的类型，为可选参数，默认为 8
cv2.rectangle(image,pt1,pt2,color[,thickness=1,[lineType=8]])	绘制矩形。其中，pt1 表示矩形左上角的坐标；pt2 表示矩形右下角的坐标；参数 image、color、thickness 和 lineType 与函数 cv2.line() 的对应参数一致，此处不再赘述
cv2.circle(image,center,radius,color[,thickness=1,[lineType=8]])	绘制圆。其中，center 表示圆心的坐标；radius 表示圆的半径；参数 image、color、thickness 和 lineType 与函数 cv2.line() 的对应参数一致，此处不再赘述
cv2.polylines(image,pts,isClosed,color[,thickness=1,[lineType=8]])	绘制多边形。其中，pts 表示多边形各顶点的坐标，为列表类型；isClosed 表示多边形是否闭合，若其值为 True，则绘制闭合的多边形，否则依次连接各个顶点，绘制一条曲线；参数 image、color、thickness 和 lineType 与函数 cv2.line() 的对应参数一致，此处不再赘述
cv2.ellipse(image,center,axes,angle,startAngle,endAngle,color[,thickness=1,[lineType=8]])	绘制椭圆。其中，center 表示椭圆的中心坐标；axes 表示椭圆长轴和短轴的长度，为元组类型；angle 表示椭圆旋转的角度；startAngle 表示椭圆弧的起始角度；endAngle 表示椭圆弧的终止角度；参数 image、color、thickness 和 lineType 与函数 cv2.line() 的对应参数一致，此处不再赘述

【例 2-9】　编写程序，使用 OpenCV 创建白色画布，并使用绘图函数绘制 OpenCV 的徽标。

【参考代码】

```
import cv2                                    #导入OpenCV库
import numpy as np                            #导入NumPy库
image=np.zeros((200,220,3),dtype="uint8")+255 #创建一幅白色画布
#绘制天蓝色的矩形
cv2.rectangle(image,(20,10),(200,150),(255,204,0))
#绘制上方的红色标志
cv2.ellipse(image,(106,50),(30,30),120,0,300,(0,0,255),-1,
cv2.LINE_AA) #cv2.LINE_AA表示绘制的线条为抗锯齿的线条，-1表示填充图形
    cv2.circle(image,(106,50),10,(255,255,255),-1,cv2.LINE_AA)
    #绘制左下角的绿色标志
    cv2.ellipse(image,(76,110),(30,30),0,0,300,(0,255,0),-1,
cv2.LINE_AA)
    cv2.circle(image,(76,110),10,(255,255,255),-1,cv2.LINE_AA)
```

```
#绘制右下角的蓝色标志
 cv2.ellipse(image,(140,110),(30,30),-60,0,300,(255,0,0),
-1,cv2.LINE_AA)
 cv2.circle(image,(140,110),10,(255,255,255),-1,cv2.LINE_AA)
 cv2.imshow('Image',image)              #显示图像
 cv2.waitKey()                          #窗口等待，按任意键继续
 cv2.destroyAllWindows()                #释放所有窗口
```

【运行结果】 程序运行结果如图 2-11 所示。

图 2-11　例 2-9 程序运行结果　　　　　　　图 2-11 的彩色图像

> np.zeros(shape,dtype='float') 为 NumPy 提供的创建数组函数，它根据 shape 创建元素值都为 0 的数组。其中，shape 表示数组形状；dtype 表示数组元素的数据类型，默认为 float。

2.4.2　绘制文本

OpenCV 提供的 cv2.putText() 函数用于在图像上添加文本，其格式如下。

```
 cv2.putText(image,text,org,fontFace,fontScale,color[,
thickness=1,[lineType=8[,bottomLeftOrigin=False]]])
```

其中，text 表示要添加的文本；org 表示文本在图像中左下角的坐标；fontFace 表示字体类型，常用的字体类型和含义如表 2-6 所示；fontScale 表示字体缩放比例；bottomLeftOrigin 表示绘制文本的方向，为可选参数，默认为 False，若其值设置为 True，则绘制文本的方向为垂直镜像，否则为水平镜像；参数 image、color、thickness 和 lineType 与函数 cv2.line() 的对应参数一致，此处不再赘述。

表 2-6　常用的字体类型和含义

字体类型	含　义
cv2.FONT_HERSHEY_SIMPLEX	正常大小的非衬线字体 （字母笔画末端无修饰的字体，如 Arial）
cv2.FONT_HERSHEY_PLAIN	小号的非衬线字体

表 2-6（续）

字体类型	含 义
cv2.FONT_HERSHEY_DUPLEX	正常大小的非衬线字体（比 cv2.FONT_HERSHEY_SIMPLEX 字体样式更复杂）
cv2.FONT_HERSHEY_COMPLEX	正常大小的衬线字体
cv2.FONT_HERSHEY_TRIPLEX	正常大小的衬线字体（比 cv2.FONT_HERSHEY_COMPLEX 字体样式更复杂）
cv2.FONT_HERSHEY_SCRIPT_SIMPLEX	手写风格的字体
cv2.FONT_ITALIC	斜体

【例 2-10】 编写程序，使用 OpenCV 创建白色画布，两次添加文本"Computer Vision"，形成垂直镜像效果。

【参考代码】

```
import cv2                                          #导入 OpenCV 库
import numpy as np                                  #导入 NumPy 库
image=np.zeros((260,550,3),dtype="uint8")+255       #创建一幅白色画布
font=cv2.FONT_HERSHEY_SCRIPT_SIMPLEX                 #定义字体类型
#绘制文本
cv2.putText(image,'Computer Vision',(50,100),font,2,(0,0,0),2,8)
cv2.putText(image,'Computer Vision',(50,155),font,2,(0,0,0),2,8,True)
cv2.imshow('Image',image)                           #显示图像
cv2.waitKey()                                       #窗口等待，按任意键继续
cv2.destroyAllWindows()                             #释放所有窗口
```

【运行结果】 程序运行结果如图 2-12 所示。

图 2-12　例 2-10 程序运行结果

素养之窗

旷视科技，作为计算机视觉领域的领军企业，推出了备受欢迎的AI视觉算法体育教育产品"旷视运动猿"。该产品凭借其明确的定位（AI体育助教功能），赢得了广大师生的喜爱。它能够客观地记录和统计学生的训练数据，生成个性化的量化信息，为体育教育提供了全新的解决方案。旷视科技在计算机视觉领域持续深耕，不仅在人脸识别、物品识别检测等领域取得了显著成果，还致力于将人工智能科技和计算机视觉算法广泛应用于物联网领域，推动行业的智能化升级。

项目实施——猫狗数据集的图像增广

1. 数据准备

步骤 1 导入本项目所需要的模块与包。

步骤 2 定义 display_image(path)函数，随机显示指定路径 path 中的 10 幅图像。

步骤 3 查看数据集的基本情况，显示数据集中图像的数量，并调用 display_image()函数随机显示 10 幅图像。

步骤 4 创建存放裁剪图像和翻转图像的文件夹，分别存放在"./Resources/resized_data"和"./Resources/fliped_data"文件夹中。

数据准备

指点迷津

开始编写程序前，须将本书配套素材"项目实施图像\Resources\data"文件夹中的所有文件复制到当前工作目录下的"\Resources\data"文件夹中。

【参考代码】

```
import cv2                              #导入项目所需的模块与包
import os
import random
import matplotlib.pyplot as plt
def display_image(path):                #随机显示路径path中的10幅图像
    filelist=os.listdir(path)
    image=[]
    for i in range(10):                 #随机选择图像存入image列表
        t=random.randint(0,len(filelist)-1)
        image.append(path+'/'+filelist[t])
```

```
#显示 image 列表中的图像
i=1
for img_path in image:
    plt.subplot(2,5,i)
    img=cv2.imread(img_path)           #读取图像
    plt.imshow(img)
    plt.axis('Off')
    i=i+1
plt.show()
SRC_PATH='./Resources/data/'           #原图像所在文件夹
filelist=os.listdir(SRC_PATH)          #原图像列表
print("{}文件夹中共有{}个文件!".format(SRC_PATH,len(filelist)))
display_image(SRC_PATH)                #调用函数随机显示10幅图像
DST1_PATH='./Resources/resized_data'   #存放裁剪图像的文件夹路径
if not os.path.exists(DST1_PATH):
    os.makedirs(DST1_PATH)
DST2_PATH='./Resources/fliped_data'    #存放图像翻转的文件夹路径
if not os.path.exists(DST2_PATH):
    os.makedirs(DST2_PATH)
```

【运行结果】 运行程序，可显示数据集中文件的数量如图 2-13 所示，随机显示数据集中的 10 幅图像如图 2-14 所示。

./Resources/data/文件夹中共有100个文件！

图 2-13　显示数据集中文件的数量

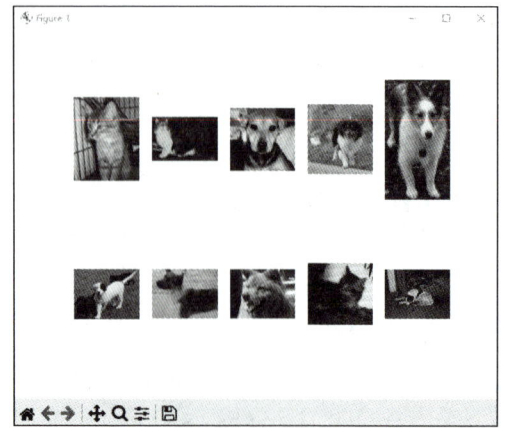

图 2-14　随机显示数据集中的 10 幅图像

项目 2　夯实计算机视觉开发基础

> **高手点拨**
>
> os 模块是操作系统接口模块，提供了操作系统相关功能的调用函数。
> （1）os.listdir(path)用于返回 path 目录下的文件和目录列表。
> （2）os.path.exists(path)用于判断 path 目录是否存在。若目录 path 存在，则返回 True，否则返回 False。
> （3）os.makedirs(path)用于创建多级目录。
> （4）os.path.join(path,filename)用于将目录 path 和文件名 filename 合成一个路径。

2. 图像裁剪

步骤 1　定义图像裁剪函数 rdnsize(image,width,height)，函数参数分别为原图像、裁剪的目标尺寸（宽和高）。在函数中，首先获取图像的原始尺寸，并与目标尺寸进行比较，如果比目标尺寸小，则直接调用 cv2.resize() 函数进行缩放变换（将图像缩放到指定尺寸）；如果比目标尺寸大，则在 x 轴和 y 轴上随机取得一个起始坐标，保证裁剪的范围在图像之内，截取原图像的一部分作为裁剪图像。最后返回裁剪或缩放后的图像。

图像裁剪

步骤 2　遍历文件夹"./Resources/data/"中的图像文件，调用图像裁剪函数 rdnsize()，统一图像尺寸为 224×224 像素，并将经过裁剪处理的图像存放到"./Resources/resized_data"文件夹中。

步骤 3　显示裁剪后图像的数量，并调用 display_image()函数，随机显示 10 幅裁剪后的图像。

【参考代码】

```
def rdnsize(image,width,height):    #定义图像裁剪函数
    h,w,d=image.shape               #获取图像的尺寸
    if h<height or w<width:         #尺寸小的图像直接将其缩放到指定尺寸
        dst=cv2.resize(image,(width,height))
    else:                           #尺寸大的图像在 x 轴和 y 轴上随机获得裁剪的坐标
        y=random.randint(0,h-height)
        x=random.randint(0,w-width)
        dst=image[y:y+height,x:x+width,:]
    return dst
for cnt,ff in enumerate(filelist):
    path_filename=os.path.join(SRC_PATH,ff)    #获取图像文件的路径
    image=cv2.imread(path_filename)            #读取图像
    if image is None:                          #若读取图像失败，则进入下一个循环
        print("Faild to read image: ",path_filename)
```

```
        continue
    dst=rdnsize(image,224,224)      #调用函数rdnsize()，裁剪图像
    filename="{}_{:0>3d}.jpg".format("resize",cnt)
    resized=os.path.join(DST1_PATH,filename)
    cv2.imwrite(resized,dst)    #保存图像文件
#显示裁剪后图像文件的数量
print("{}文件夹下共有{}个文件！".format(DST1_PATH,cnt+1))
display_image(DST1_PATH)          #调用函数，随机显示裁剪后的10幅图像
```

【运行结果】 运行程序，可显示图像裁剪后文件的数量如图2-15所示，随机显示裁剪后的10幅图像如图2-16所示。

./Resources/resized_data文件夹中共有100个文件！

图 2-15　显示图像裁剪后文件的数量

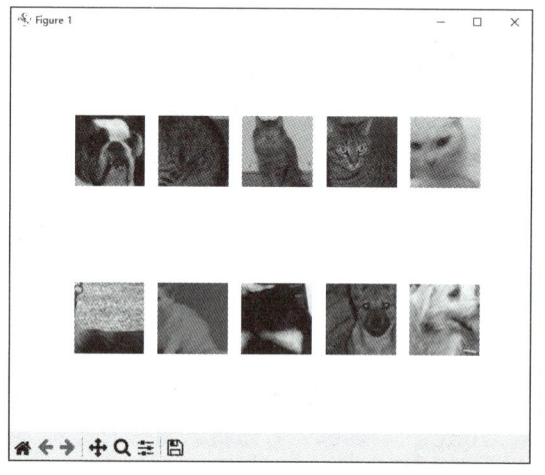

图 2-16　随机显示裁剪后的10幅图像

3．图像翻转

步骤 1　定义图像翻转函数rdnflip(image)，函数参数为原图像。在函数中，随机获取–1、0、1中的一个值作为翻转类型，然后调用cv2.flip()函数完成随机翻转，并将翻转后的图像返回。

步骤 2　遍历文件夹"./Resources/data/"中的图像文件，调用图像翻转函数rdnflip()，将经过翻转处理的图像存放到"./Resources/fliped_data"文件夹中。

图像翻转

步骤 3　显示翻转后图像的数量，并调用display_image()函数，随机显示10幅翻转后的图像。

【参考代码】

```
def rdnflip(image):                          #定义图像翻转函数
    flipcode=random.randint(-1,1)            #随机获取翻转类型
    dst=cv2.flip(image,flipcode)             #对图像进行翻转
    return dst
for cnt,ff in enumerate(filelist):
    path_filename=os.path.join(SRC_PATH,ff)  #获取图像文件的全路径
    image=cv2.imread(path_filename)          #读取图像
    if image is None:                        #若读取图像失败，则进入下一个循环
        print("Faild to read image:",path_filename)
        continue
    dst=rdnflip(image)                       #调用函数rdnflip()，翻转图像
    filename="{}_{:0>3d}.jpg".format("flip",cnt)
    fliped=os.path.join(DST2_PATH,filename)
    cv2.imwrite(fliped,dst)                  #保存图像文件
#显示翻转后图像文件的数量
print("{}文件夹下共有{}个文件！".format(DST2_PATH,cnt+1))
display_image(DST2_PATH)                     #调用函数，随机显示翻转后的10幅图像
```

【运行结果】 运行程序，可显示图像翻转后文件的数量如图 2-17 所示，随机显示翻转后的 10 幅图像如图 2-18 所示。

./Resources/fliped_data文件夹中共有100个文件！

图 2-17 显示图像翻转后文件的数量

图 2-18 随机显示翻转后的 10 幅图像

项目实训

1. 实训目的

（1）熟练使用 OpenCV 进行图像的读取、显示和保存。

（2）熟练使用 OpenCV 进行图像的几何变换。

2. 实训内容

使用图像的几何变换函数，将图像"flower.jpg"（见本书配套素材"Train\flower.jpg"）中"倒立放置"的花盆变换为"直立放置"，并且将变换后的图像保存到当前文件夹中。

（1）数据准备。

① 导入本项目需要的 OpenCV 库。

② 使用 OpenCV 中的函数读取并显示图像。

（2）图像的几何变换。

① 计算图像的中心点坐标。

② 调用 cv2.getRotationMatrix2D()函数，计算变换矩阵 *M*，以图像中心为旋转的中心点，逆时针旋转 330 度，不进行缩放。

③ 根据变换矩阵 *M*，对图像"flower.jpg"进行旋转变换。

④ 将旋转变换后的图像沿着 *x* 轴方向进行翻转。

（3）显示并保存几何变换后的图像。

① 保存几何变换后的结果图像。

② 显示几何变换后的结果图像。

③ 设置窗口等待功能，按任意键释放所有窗口。

3. 实训小结

按要求完成实训内容，并将实训过程中遇到的问题和解决办法记录在表 2-7 中。

表 2-7 实训过程

序　号	主要问题	解决办法
1		
2		
3		

项目总结

完成本项目的学习与实践后,请总结应掌握的重点内容,并将图 2-19 中的空白处填写完整。

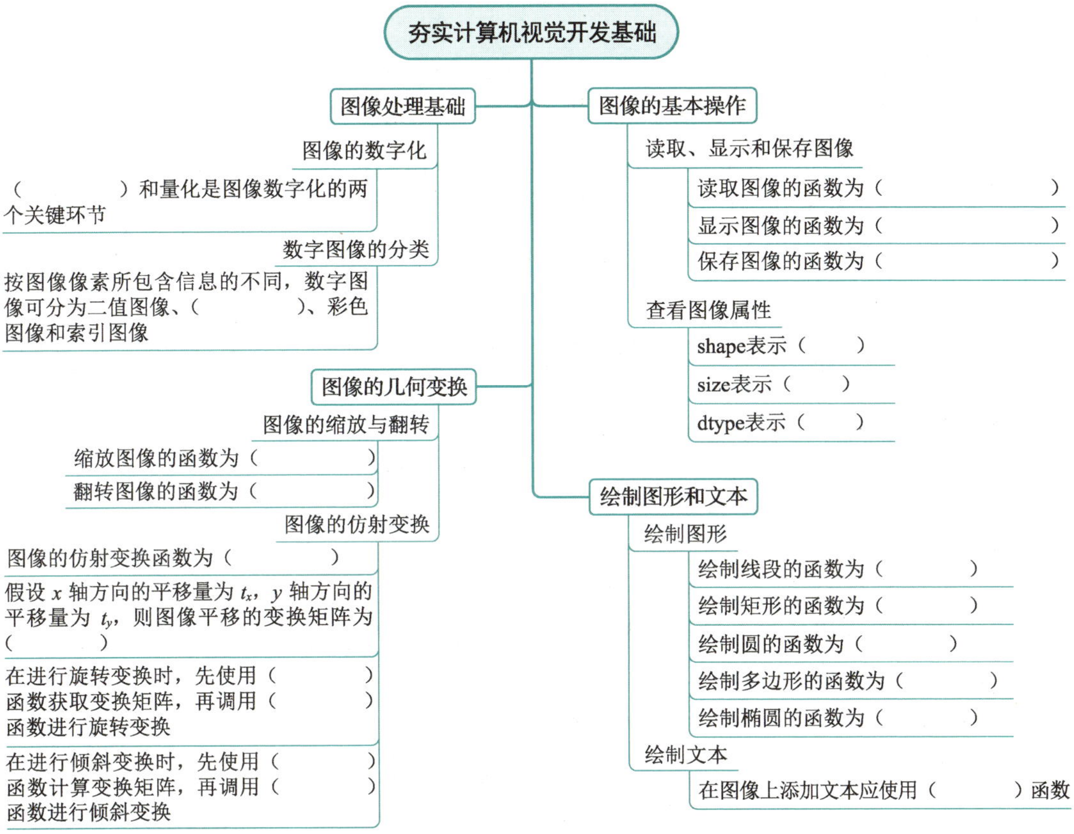

```
夯实计算机视觉开发基础
├── 图像处理基础
│   ├── 图像的数字化
│   │   └── (    )和量化是图像数字化的两个关键环节
│   └── 数字图像的分类
│       └── 按图像像素所包含信息的不同,数字图像可分为二值图像、(    )、彩色图像和索引图像
│   └── 图像的几何变换
│       ├── 图像的缩放与翻转
│       │   ├── 缩放图像的函数为(    )
│       │   └── 翻转图像的函数为(    )
│       └── 图像的仿射变换
│           ├── 图像的仿射变换函数为(    )
│           ├── 假设 x 轴方向的平移量为 $t_x$,y 轴方向的平移量为 $t_y$,则图像平移的变换矩阵为(    )
│           ├── 在进行旋转变换时,先使用(    )函数获取变换矩阵,再调用(    )函数进行旋转变换
│           └── 在进行倾斜变换时,先使用(    )函数计算变换矩阵,再调用(    )函数进行倾斜变换
├── 图像的基本操作
│   ├── 读取、显示和保存图像
│   │   ├── 读取图像的函数为(    )
│   │   ├── 显示图像的函数为(    )
│   │   └── 保存图像的函数为(    )
│   ├── 查看图像属性
│   │   ├── shape表示(    )
│   │   ├── size表示(    )
│   │   └── dtype表示(    )
│   └── 绘制图形和文本
│       ├── 绘制图形
│       │   ├── 绘制线段的函数为(    )
│       │   ├── 绘制矩形的函数为(    )
│       │   ├── 绘制圆的函数为(    )
│       │   ├── 绘制多边形的函数为(    )
│       │   └── 绘制椭圆的函数为(    )
│       └── 绘制文本
│           └── 在图像上添加文本应使用(    )函数
```

图 2-19 项目总结

项目考核

1. 选择题

(1)在 OpenCV 中,语句"img=cv2.imread("flower.jpg")"读取的图像类型为(   )图像。

A. 灰度 B. 索引
C. 彩色 D. 二值

（2）在 OpenCV 的 cv2.flip(src,flipCode)函数中，参数 flipCode 的值为（　　）时，表示图像沿 x 轴翻转。

  A．0   B．1

  C．−1   D．8

（3）在 OpenCV 的 cv2.resize(src,dsize,fx,fy)函数中，可以通过设置参数 fx 和 fy 对图像进行任意比例的缩放，此时需要将参数 dsize 的值设置为（　　）。

  A．1   B．0

  C．(1,1)   D．None

（4）下列关于仿射变换的描述中，错误的是（　　）。

  A．在平移操作中，变换矩阵最关键的参数在第 3 列

  B．在平移操作中，变换矩阵的形状是 2 行 3 列

  C．在旋转操作中，变换矩阵使用 OpenCV 中的 cv2.getRotationMatrix2D()函数获取

  D．在 OpenCV 中，cv2.getRotationMatrix2D()函数的第二个参数表示旋转角度，其默认采用弧度制

（5）在 OpenCV 中，绘制椭圆的函数为（　　）。

  A．cv2.circle()   B．cv2.ellipse()

  C．cv2.polylines()   D．cv2.bitweise_not()

2．填空题

（1）按图像像素所包含信息的不同，数字图像可分为_____、灰度图像、彩色图像、索引图像等。

（2）在 OpenCV 中，灰度图像灰度值的取值范围为_____。

（3）使用 cv2.imread()函数读取图像时，若无法读取图像，则返回_____。

（4）"_____"是指图像中的直线在经过仿射变换后，仍然是直线。"平行性"是指图像中的平行线在经过仿射变换后，仍然是平行线。

（5）在 OpenCV 中，使用 cv2.putText()函数在图像上添加文本，参数 bottomLeftOrigin 设置为_____时，文本方向为垂直镜像。

3．简答题

（1）简述图像数字化的关键环节。

（2）在 OpenCV 中，图像的常用属性有哪些？分别表示什么含义？

项目 ② 夯实计算机视觉开发基础

项目评价

结合本项目的学习情况，完成项目评价，并将评价结果填入表2-8中。

表2-8 项目评价

评价项目	评价内容	评价分数			
		分值	自评	互评	师评
项目完成度评价（20%）	项目准备阶段，回答问题是否清晰准确，能够紧扣主题，没有明显错误	5分			
	项目实施阶段，是否能够根据操作步骤完成本项目	5分			
	项目实训阶段，是否能够出色完成实训内容	5分			
	项目总结阶段，是否能够正确地将项目总结的空白信息补充完整	2分			
	项目考核阶段，是否能够正确地完成考核题目	3分			
知识评价（30%）	是否了解图像数字化的两个关键环节	10分			
	是否了解数字图像的分类	10分			
	是否掌握图像的常用属性及其含义	10分			
技能评价（30%）	是否能够使用OpenCV实现图像的读取、显示和保存	10分			
	是否能够使用OpenCV实现图像的几何变换	10分			
	是否能够使用OpenCV在图像上绘制图形和文字	10分			
素养评价（20%）	是否能够遵守课堂纪律，上课精神是否饱满	5分			
	是否具有自主学习意识，做好课前准备	5分			
	是否善于思考，积极参与，勇于提出问题	5分			
	是否具有团队合作精神，出色完成小组任务	5分			
合计	综合分数_____自评（25%）+互评（25%）+师评（50%）	100分			
	综合等级_____	指导老师签字_____			
综合评价（创新、进步及不足）					

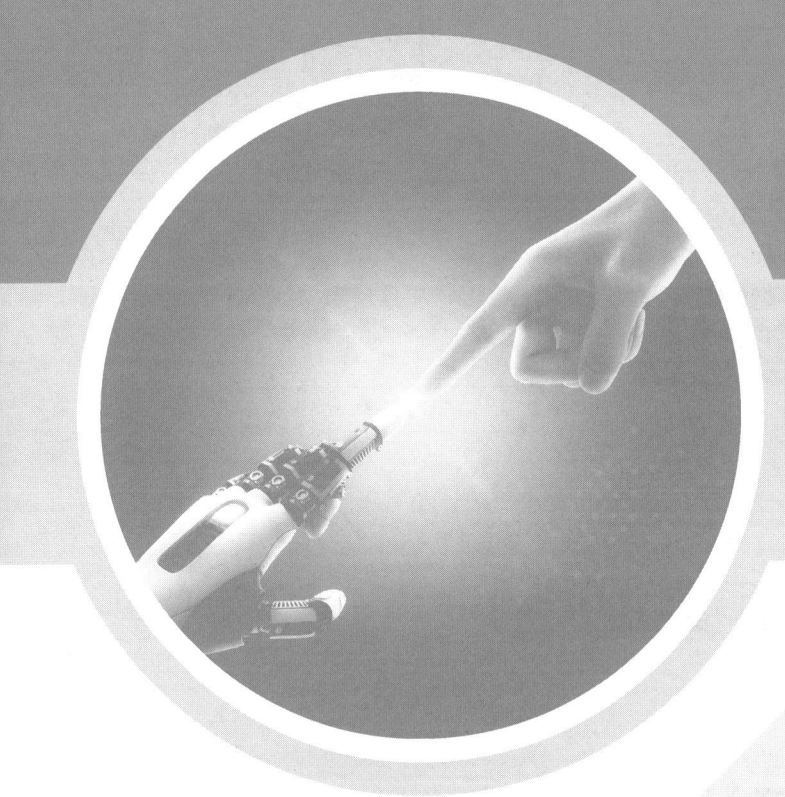

应用篇

YING YONG PIAN

项目 3

色彩分割

项目目标

知识目标

- 掌握 RGB、HSV、GRAY 等常用色彩空间的概念。
- 理解通道的概念。
- 了解图像掩模的作用及其使用方法。

技能目标

- 能够使用 OpenCV 进行色彩空间的转换。
- 能够使用 OpenCV 进行通道的拆分与合并。
- 能够使用 OpenCV 提取指定颜色范围的像素值。
- 能够使用 OpenCV 进行图像的加法运算。
- 能够使用 OpenCV 进行图像的加权加法运算。
- 能够使用 OpenCV 进行图像的位运算。

素养目标

- 锻炼具体问题具体分析的思维方式,提高分析问题和解决问题的能力。
- 了解时代新科技,激发学习兴趣和创新思维,增强民族自信心。

项目 3 色彩分割

项目描述

果园的橙子成熟了,小旌打算在出售前对橙子的成熟度进行检测。检测之前,需要完成橙子与背景的分割。

由于橙子图像均为彩色图像,小旌决定通过不同色彩的色调、饱和度和亮度的下界值和上界值来分割图像,确定橙子的位置。小旌创建了滑动条窗口,通过拖动滑块的方式来设置 HSV 色彩空间中 H、S 和 V 这 3 个通道的最小值和最大值,以获得最佳的分割效果。

项目分析

按照项目要求,将农产品图像色彩分割的步骤分解如下。

第 1 步:图像预处理。读取原图像文件,并将图像的色彩空间从 BGR 转换为 HSV。

第 2 步:创建滑动条窗口。首先创建空的滑动条窗口,然后创建 6 个滑动条并添加到滑动条窗口。

第 3 步:色彩分割。首先根据色调、饱和度和亮度的下界值和上界值对图像进行分割,得到掩模图像,然后使用按位与运算得到结果图像。

为了实现农产品图像的色彩分割,本项目将对相关知识进行介绍,包括常用的色彩空间、色彩空间的转换、通道的拆分与合并、提取指定颜色范围的像素值,以及图像的加法运算、加权加法运算和位运算。

项目准备

全班学生以 3~5 人为一组进行分组,各组选出组长。组长组织组员扫码观看"认识色彩"视频,讨论并回答下列问题。

问题 1:可见光在电磁波谱中的波长范围是多少?

认识色彩

问题 2:国际照明委员会规定的三原色分别为哪 3 种颜色?

55

3.1 色彩空间与通道

3.1.1 常用的色彩空间

色彩是人的眼睛对于不同频率的光线的不同感受,它既是客观存在的又是主观感知的,不同人对色彩的感知会有差异。经过漫长的认知过程,人们建立了多种色彩模型,这些色彩模型称为色彩空间。常用的色彩空间有 RGB、HSV 和 GRAY 等。

1. RGB 色彩空间

RGB 色彩空间是使用人眼所能感知的 3 种颜色——红色(red)、绿色(green)、蓝色(blue),进行不同程度的叠加所产生的丰富而广泛的颜色,如图 3-1 所示。RGB 模式可表示 16 777 216(2^{24})种不同的颜色,在人眼看来非常接近大自然的颜色,故又称自然色彩模式。其中,红、绿、蓝 3 种基本颜色称为三原色,每一种颜色的取值范围为[0, 255]。

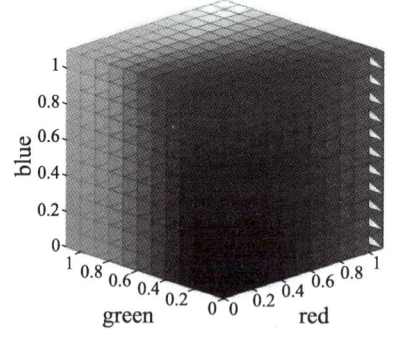

图 3-1 的彩色图像

图 3-1 RGB 色彩空间模型

在 OpenCV 中,RGB 色彩空间的表示顺序为 B→G→R,即第一分量保存的是 B 通道信息,第二分量保存的是 G 通道信息,第三分量保存的是 R 通道信息。例如,颜色为 R(49)→G(42)→B(36)的像素,在 OpenCV 中的表示顺序为 B(36)→G(42)→R(49)。

> **指点迷津**
>
> 通道(channel)是指在某种色彩空间中独立表示色彩信息的分量。每个通道负责记录特定分量的强度或亮度。

2. HSV 色彩空间

HSV 色彩空间是基于人们对色彩的感知经验设计的颜色模型,能够更加直观地表达颜色的色调、鲜艳程度和明暗程度,方便进行颜色的对比。

HSV 色彩空间的像素点用 H、S、V 这 3 个来分量表示。其中,H(hue)分量表示色调,即色彩的基本属性,如蓝色、红色等;S(saturation)分量表示饱和度,即色彩的纯度;V(value)分量表示亮度,即人眼感受到的光的明暗程度,如图 3-2 所示。

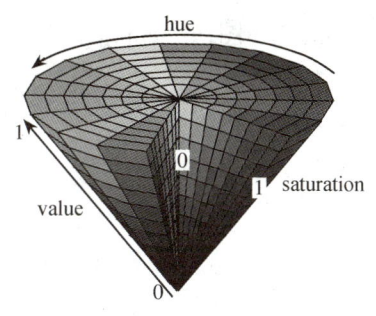

图 3-2 的彩色图像

图 3-2　HSV 色彩空间模型

在 OpenCV 中，色调的取值范围为 $[0,180]$，饱和度的取值范围为 $[0,255]$，亮度的取值范围为 $[0,255]$。HSV 色彩空间是 OpenCV 中使用较多的色彩空间。

HSV 将亮度信息从色彩空间中分解出来，而色调和饱和度与人类感知是相对应的，因而该模型在图像处理算法中非常有用。

3. GRAY 色彩空间

GRAY 色彩空间通常指 8 位灰度图像，其颜色取值范围为 $[0,255]$，即具有 256 个灰度级。将图像的色彩空间从 RGB 转换为 GRAY 时，其灰度级的计算公式如下。

$$Gray = 0.299R + 0.587G + 0.114B$$

其中，R、G、B 为 RGB 色彩空间中 R、G 和 B 通道的值。

将图像的色彩空间从 GRAY 转换为 RGB 时，3 个通道（R、G、B）的值都是相同的，均为灰度级。

3.1.2　色彩空间的转换

每种色彩空间都有其擅长的领域，所以在解决具体色彩问题时，往往需要进行色彩空间类型的转换。OpenCV 提供的 cv2.cvtColor() 函数用于将输入图像从一个色彩空间转换到另一个色彩空间，其格式如下。

```
dst=cv2.cvtColor(src,code[,dstCn=0])
```

其中，dst 表示输出图像，其大小和深度与输入图像 src 相同；src 表示输入图像；code 表示色彩空间转换类型，常用色彩空间转换类型的取值和含义如表 3-1 所示；dstCn 表示目标图像的通道数，为可选参数，默认为 0，即通道数将从 src 和 code 中自动得出。

表 3-1　常用色彩空间转换类型的取值和含义

选　项	含　义
cv2.COLOR_BGR2RGB	将图像的色彩空间从 BGR 转换为 RGB
cv2.COLOR_BGR2GRAY	将图像的色彩空间从 BGR 转换为 GRAY
cv2.COLOR_BGR2HSV	将图像的色彩空间从 BGR 转换为 HSV

【例 3-1】 编写程序，使用 OpenCV 将图像"cup.jpg"（见本书配套素材"例题图像/cup.jpg"）进行色彩空间的转换，具体要求如下。

（1）将图像的色彩空间从 BGR 转换为 GRAY。

（2）将图像的色彩空间从 BGR 转换为 HSV。

【参考代码】

```
import cv2                                        #导入 OpenCV 库
image=cv2.imread("cup.jpg")                       #读取图像
#将图像的色彩空间从 BGR 转换为 GRAY
gray_image=cv2.cvtColor(image,cv2.COLOR_BGR2GRAY)
#将图像的色彩空间从 BGR 转换为 HSV
hsv_image=cv2.cvtColor(image,cv2.COLOR_BGR2HSV)
cv2.imshow("BGR",image)                           #显示 BGR 图像
cv2.imshow("GRAY",gray_image)                     #显示 GRAY 图像
cv2.imshow("HSV",hsv_image)                       #显示 HSV 图像
cv2.waitKey()                                     #窗口等待，按任意键继续
cv2.destroyAllWindows()                           #释放所有窗口
```

图 3-3 的彩色图像

【运行结果】 程序运行结果如图 3-3 所示。

（a）原图像　　　　　（b）转换后的 GRAY 图像　　　　（c）转换后的 HSV 图像

图 3-3　例 3-1 程序运行结果

3.1.3　通道的拆分与合并

1. 拆分通道

OpenCV 提供的 cv2.split() 函数用于拆分图像的通道，其格式如下。

```
mv=cv2.split(image)
```

其中，mv 表示通道矢量，其值可为 BGR 图像或 HSV 图像的通道矢量；image 表示待拆分的图像，为多通道数组。

项目 3 色彩分割

> **指点迷津**
>
> 在 OpenCV 中，由于默认的通道顺序是 B→G→R，因此，返回的拆分通道顺序应为 B→G→R。

【例 3-2】 编写程序，使用 OpenCV 拆分 BGR 图像 "figure.png"（见本书配套素材"例题图像/figure.png"）的通道，并显示拆分后的各通道图像。

【参考代码】

```
import cv2                              #导入 OpenCV 库
image=cv2.imread("figure.png")          #读取图像
cv2.imshow("BGR",image)                 #显示 BGR 图像
b,g,r=cv2.split(image)                  #拆分 BGR 图像的通道
cv2.imshow("B",b)                       #显示 B 通道的灰度图像
cv2.imshow("G",g)                       #显示 G 通道的灰度图像
cv2.imshow("R",r)                       #显示 R 通道的灰度图像
cv2.waitKey()                           #窗口等待，按任意键继续
cv2.destroyAllWindows()                 #释放所有窗口
```

图 3-4 的彩色图像

【运行结果】 程序运行结果如图 3-4 所示。

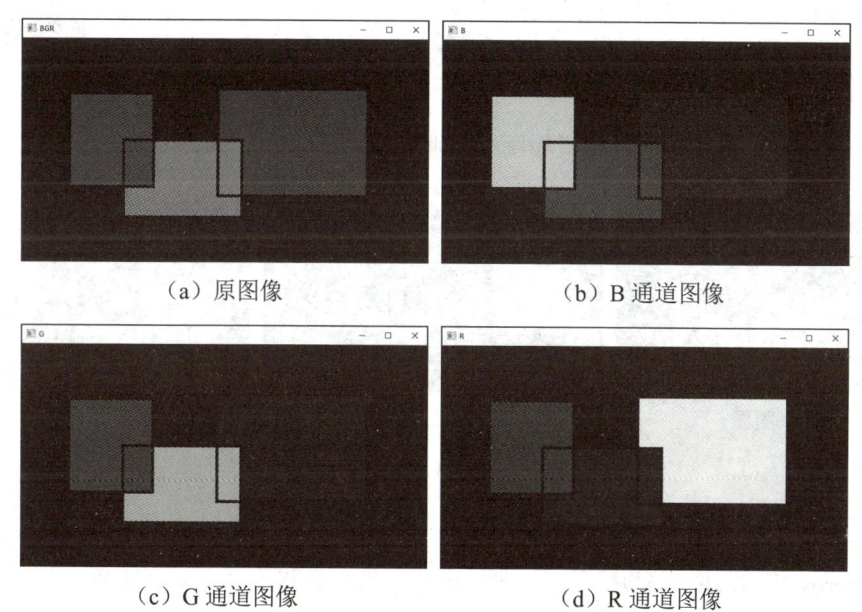

图 3-4 例 3-2 程序运行结果

为什么拆分后得到的 3 幅图像是灰度图像呢？原因是当程序执行语句 cv2.imshow("B",b) 时，原图像 B、G、R 这 3 个通道的值都会修改为 B 通道的值，即(B,B,B)。同理，当程

序执行语句 cv2.imshow("G",g)和 cv2.imshow("R",r)时，原图像 B、G、R 这 3 个通道的值将依次修改为 G 通道的值(G,G,G)和 R 通道的值(R,R,R)。对于 BGR 图像，只要 B、G、R 这 3 个通道的数值相等，得到的就是灰度图像。

如果要正确显示某一色彩分量的图像，则需要将另外两个通道的值设置为 0，并将其转换为 BGR 格式，再使用 cv2.imshow()函数显示。

【例 3-3】　修改例 3-2，使用 OpenCV 拆分 BGR 图像"figure.png"（见本书配套素材"例题图像/figure.png"）的通道，并显示拆分后的 B 通道的彩色图像。

【参考代码】

```
import cv2                              #导入 OpenCV 库
import numpy as np                      #导入 NumPy 库
image=cv2.imread("figure.png")          #读取图像
cv2.imshow("BGR",image)                 #显示 BGR 图像
b,g,r=cv2.split(image)                  #拆分 BGR 图像的通道
cv2.imshow("B",b)                       #显示 B 通道的灰度图像
imgZeros=np.zeros_like(image)           #创建与 image 形状相同的黑色图像
imgZeros[:,:,0]=b      #在黑色图像模板上添加蓝色分量 b
#显示 B 通道的彩色图像
cv2.imshow("channel B",imgZeros)
cv2.waitKey()                    #窗口等待，按任意键继续
cv2.destroyAllWindows()          #释放所有窗口
```

图 3-5 的彩色图像

【运行结果】　程序运行结果如图 3-5 所示。

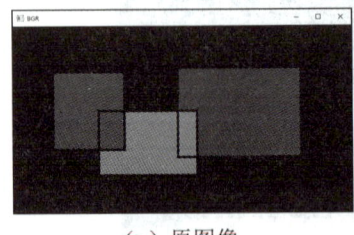

（a）原图像

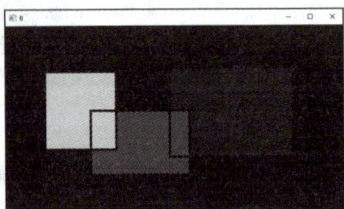

（b）B 通道图像

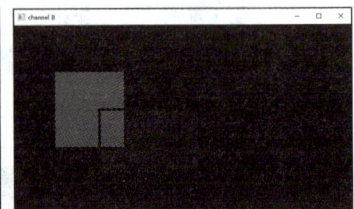

（c）B 通道的彩色图像

图 3-5　例 3-3 程序运行结果

高手点拨

np.zeros_like(a)用于创建一个与给定数组形状和数据类型相同的数组，但其所有元素值均为 0。其中，a 表示给定的数组。

在 Python 中，还可以使用 NumPy 数组的切片方式来实现 BGR 通道的拆分。

cv2.split()函数还可以将 HSV 图像进行通道拆分。

【例 3-4】 编写程序，使用 OpenCV 将图像"cup.jpg"（见本书配套素材"例题图像/cup.jpg"）的色彩空间从 BGR 转换为 HSV，拆分 HSV 图像的通道，并显示拆分后的各通道图像。

【参考代码】

```
import cv2                                    #导入OpenCV库
image=cv2.imread("cup.jpg")                   #读取图像
cv2.imshow("BGR",image)                       #显示BGR图像
#将图像的色彩空间从BGR转换为HSV
hsv_image=cv2.cvtColor(image,cv2.COLOR_BGR2HSV)
h,s,v=cv2.split(hsv_image)                    #拆分HSV图像的通道
cv2.imshow("H",h)                             #显示H通道的灰度图像
cv2.imshow("S",s)                             #显示S通道的灰度图像
cv2.imshow("V",v)                             #显示V通道的灰度图像
cv2.waitKey()                                 #窗口等待，按任意键继续
cv2.destroyAllWindows()                       #释放所有窗口
```

图 3-6 的彩色图像

【运行结果】 程序运行结果如图 3-6 所示。

（a）原图像

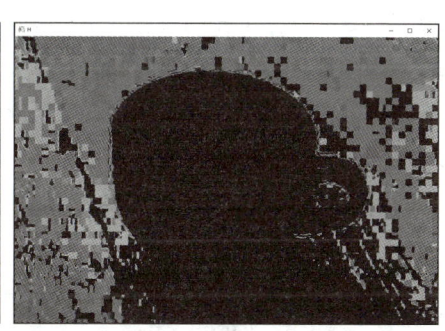

（b）H 通道图像

（c）S 通道图像

（d）V 通道图像

图 3-6 例 3-4 程序运行结果

2. 合并通道

合并通道是拆分通道的逆过程。OpenCV 提供的 cv2.merge()函数用于实现通道的合并操作，其格式如下。

```
dst=cv2.merge(mv)
```

其中，dst 表示输出图像；mv 表示通道矢量。

【例 3-5】 编写程序，使用 OpenCV 将 BGR 图像"figure.png"（见本书配套素材"例题图像/figure.png"）进行通道拆分，然后再按不同顺序合并成新图像，并显示合并后的图像。

【参考代码】

```
import cv2                                      #导入OpenCV库
image=cv2.imread("figure.png")                  #读取图像
cv2.imshow("BGR",image)                         #显示BGR图像
b,g,r=cv2.split(image)                          #拆分BGR图像的通道
bgr_merge=cv2.merge([b,g,r])                    #按BGR顺序合并图像
cv2.imshow("BGR_Merge",bgr_merge)               #显示按BGR顺序合并的图像
rgb_merge=cv2.merge([r,g,b])                    #按RGB顺序合并图像
#显示按RGB顺序合并的图像
cv2.imshow("RGB_Merge",rgb_merge)
cv2.waitKey()                                   #窗口等待，按任意键继续
cv2.destroyAllWindows()                         #释放所有窗口
```

图 3-7 的彩色图像

【运行结果】 程序运行结果如图 3-7 所示。

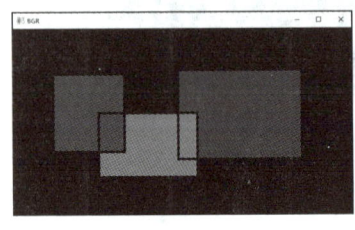
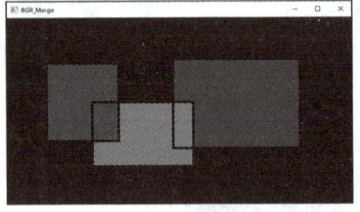
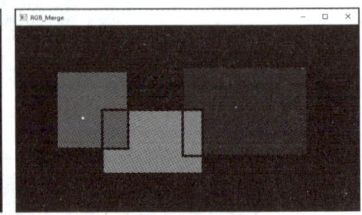

（a）原图像　　　　（b）按 BGR 顺序合并的图像　　　（c）按 RGB 顺序合并的图像

图 3-7　例 3-5 程序运行结果

同理，使用 cv2.merge()函数也可以将 H 通道图像、S 通道图像和 V 通道图像合并，方法与合并 BGR 图像相同，此处不再赘述。

3.1.4 提取指定颜色范围的像素值

1. HSV 颜色值对照表

RGB 色彩空间过于抽象，一般不能直接通过它的值感知具体的颜色，而 HSV 色彩空

间提供了更直观的方式让人们感知颜色,HSV 颜色值对照表为基本色对应的 HSV 分量的取值范围,如表 3-2 所示。通常,用户可以通过指定 HSV 的色调、饱和度和亮度的下界值和上界值来提取特定颜色。

表 3-2　HSV 颜色值对照表

选　项	黑	灰	白	红		橙	黄	绿	青	蓝	紫
hmin（色调下界）	0	0	0	0	156	11	26	35	78	100	125
hmax（色调上界）	180	180	180	10	180	25	34	77	99	124	155
smin（饱和度下界）	0	0	0	43		43	43	43	43	43	43
smax（饱和度上界）	255	43	30	255		255	255	255	255	255	255
vmin（亮度下界）	0	46	221	46		46	46	46	46	46	46
vmax（亮度上界）	46	220	255	255		255	255	255	255	255	255

2. 提取函数

在 OpenCV 中,cv2.inRange()函数用于提取图像中特定颜色范围的像素值,从而实现色彩分割或物体识别。该函数将输入图像中符合颜色范围的像素值设置为 255,将不符合颜色范围的像素值设置为 0,其格式如下。

```
dst=cv2.inRange(src,lowerb,upperb)
```

其中,dst 表示输出的二值图像;src 表示输入图像;lowerb 表示颜色范围的下界数组;upperb 表示颜色范围的上界数组。

【例 3-6】　编写程序,使用 OpenCV 的 cv2.inRange()函数将图像"photo.png"(见本书配套素材"例题图像/photo.png")中的青色背景部分分割出来,并显示分割后的图像。

【参考代码】

```
import cv2                                  #导入 OpenCV 库
import numpy as np                          #导入 NumPy 库
img=cv2.imread("photo.png")                 #读取图像
cv2.imshow("Input",img)                     #显示原图像
#将图像的色彩空间从 BGR 转换为 HSV
imgHSV=cv2.cvtColor(img,cv2.COLOR_BGR2HSV)
#定义青色的下界数组和上界数组
lower=np.array([[78],[43],[46]])
upper=np.array([[99],[255],[255]])
#调用 cv2.inRange()函数筛选出青色像素
dst=cv2.inRange(imgHSV,lower,upper)
cv2.imshow("Output",dst)                    #显示输出图像
```

```
cv2.waitKey()                      #窗口等待，按任意键继续
cv2.destroyAllWindows()            #释放所有窗口
```

【运行结果】 程序运行结果如图 3-8 所示。

图 3-8 的彩色图像

（a）原图像　　　　（b）将青色背景分割后的图像

图 3-8　例 3-6 程序运行结果

素养之窗

中国工程院院士郑南宁长期从事计算机视觉与模式识别、人工智能系统、AI 芯片及先进计算架构等研究，是我国人工智能发展的先行者和奠基者。郑南宁建立的视觉注意力计算理论被评价为"引领视觉注意力研究的第二次热潮"。

郑南宁主持研制出我国第一颗宇航级视觉信息和图像处理芯片、中国空间站核心舱机械臂视觉系统、探月重大专项三期工程"嫦娥五号"月壤表面采样机械臂视觉系统，解决了国家重大工程中视觉芯片与系统的"卡脖子"问题。

郑南宁的研究成果在图像分类、目标检测、人脸识别等领域具有重要的应用价值，他荣获了第十二届吴文俊人工智能最高成就奖。

3.2　图像的基本运算

OpenCV 使用 NumPy 数组表示图像，可以很方便地执行基于数组的图像运算，如图像的加法运算、加权加法运算和位运算等。

3.2.1　加法运算

图像的加法运算可以使用加法运算符"+"或 cv2.add() 函数两种方式实现。通常情况下，在灰度图像中，像素灰度值的范围是 [0，255]，两个图像的像素在进行加法运算时，

求得的和很可能超过 255。上述两种方式的加法运算对超过 255 的灰度值的处理方式是不一样的。

使用加法运算符"+"进行计算时，若两个图像的像素灰度值之和超过 255，则 NumPy 会自动将结果对 255 取模。例如，像素 a 的灰度值为 193，像素 b 的灰度值为 108，用加法运算符"+"计算为 193+108=301，取模后实际灰度值为 301%255=46。

使用 cv2.add() 函数进行计算时，若两个像素的灰度值之和超过 255，则会直接将结果按 255 处理。例如，像素 a 的灰度值为 193，像素 b 的灰度值为 108，通过 cv2.add() 函数计算出的结果为 301，大于 255，则最终得到的结果为 255。

在 OpenCV 中，cv2.add() 函数的格式如下。

```
dst=cv2.add(src1,src2[,mask=None[,dtype=None]])
```

其中，dst 表示加法运算后的图像；src1 和 src2 表示进行加法运算的图像，要求两幅图像具有相同的形状和类型；mask 表示图像掩模，为可选参数，默认为 None；dtype 表示图像深度，为可选参数，默认为 None。

高手点拨

> 除了加法运算，OpenCV 还提供了其他的图像算术运算，包括减法运算、乘法运算和除法运算等，是对两幅或多幅图像的对应像素进行相应运算。既可以使用运算符"−""*"和"/"，也可以使用 cv2.subtract()、cv2.multiply() 和 cv2.divide() 函数来实现减法运算、乘法运算和除法运算。

使用计算机处理图像时，图像的有些内容需要处理，有些内容不需要处理。如果想让计算机仅处理某一块区域，那就可以为图像盖上仅暴露这块区域的"掩模"图像。掩模（mask）又称掩码，一般用于对待处理的图像（全部或者局部）进行遮挡，来控制图像处理的区域或处理过程。

在掩模图像中，用纯黑（值为 0）区域表示被遮盖的部分，纯白（值为 255）区域表示暴露的部分。

在计算机视觉中，图像掩模主要用于如下方面。

（1）提取要捕获的区域。用预先制作的感兴趣区域掩模与待处理图像相乘（即按位与运算），得到感兴趣区域图像，即感兴趣区域内图像值保持不变，而感兴趣区域外图像的值都为 0。

（2）屏蔽作用。用掩模对图像上的某些区域进行屏蔽，使其不参与运算，可减少计算量，或者仅对屏蔽区做处理或统计。

（3）结构特征提取。用相似性变量或图像匹配方法检测和提取图像中与掩模相似的结构特征。

（4）特殊形状图像的制作。

> **高手点拨**
>
> 感兴趣区域（region of interest，ROI）是指在图像处理中将处理的图像以方框、圆、椭圆、不规则多边形等方式勾勒出需要处理的区域。

【例 3-7】 编写程序，使用加法运算符"+"和 cv2.add() 函数分别对图像"cup.jpg"（见本书配套素材"例题图像/cup.jpg"）进行加法运算，比较运算结果。

【参考代码】

```
import cv2                              #导入 OpenCV 库
import numpy as np                      #导入 NumPy 库
image=cv2.imread("cup.jpg")             #读取图像
cv2.imshow("Input",image)               #显示原图像
#产生与原图像形状相同且值全为 100 的数组
mask=np.ones(image.shape,dtype=np.uint8)*100
result1=image+mask                      #使用加法运算符完成加法运算
result2=cv2.add(image,mask)             #使用函数完成加法运算
cv2.imshow("Symbol",result1)            #显示运算符计算结果图像
#显示函数计算结果图像
cv2.imshow("Function",result2)
cv2.waitKey()                           #窗口等待，按任意键继续
cv2.destroyAllWindows()                 #释放所有窗口
```

【运行结果】 程序运行结果如图 3-9 所示。

图 3-9 的彩色图像

（a）原图像　　　（b）用加法运算符计算后的图像　（c）用 cv2.add() 函数计算后的图像

图 3-9 例 3-7 程序运行结果

> **高手点拨**
>
> np.ones(shape,dtype='float') 为 NumPy 提供的创建数组函数，它根据 shape 创建元素值都为 1 的数组。其中，shape 表示数组形状；dtype 表示数组元素的数据类型，默认为 float。

3.2.2 加权加法运算

加权加法也是一种图像相加运算，只不过计算时两幅图像的权重不一样。也就是在计算两幅图像的像素值之和时，将每幅图像的权重考虑进来。OpenCV 提供的 cv2.addWeighted() 函数用于实现图像的加权加法运算，其格式如下。

```
dst=cv2.addWeighted(src1,alpha,src2,beta,gamma[,dtype=None])
```

其中，dst 表示加权加法运算后的图像；src1 和 src2 表示进行加权加法运算的图像，要求两幅图像具有相同的形状和类型；alpha 和 beta 为 src1 和 src2 所对应的权重，它们的和可以等于 1，也可以不等于 1；gamma 为修正值，其值可以为 0，但不能省略；dtype 表示图像深度，为可选参数，默认为 None。

【例 3-8】 编写程序，使用 cv2.addWeighted() 函数对图像 "man.jpg" 和图像 "cloud.jpg"（见本书配套素材 "例题图像/man.jpg" 和 "例题图像/cloud.jpg"）进行加权加法运算，观察运算结果。

【参考代码】

```
import cv2                                    #导入OpenCV库
image1=cv2.imread("man.jpg")                  #读取第一幅图像
cv2.imshow("Man",image1)                      #显示第一幅图像
image2=cv2.imread("cloud.jpg")                #读取第二幅图像
cv2.imshow("Cloud",image2)                    #显示第二幅图像
rows,colmns,channel=image1.shape              #获取第一幅图像的形状
#按第一幅图像的形状缩放第二幅图像
image2=cv2.resize(image2,(colmns,rows))
#进行加权加法运算
result=cv2.addWeighted(image1,0.6,image2,0.6,0)
cv2.imshow("Man+Cloud",result)                #显示结果图像
cv2.waitKey()                                 #窗口等待，按任意键继续
cv2.destroyAllWindows()                       #释放所有窗口
```

图 3-10 的彩色图像

【运行结果】 程序运行结果如图 3-10 所示。

（a）第一幅原图像

（b）第二幅原图像

（c）加权加法运算后的图像

图 3-10 例 3-8 程序运行结果

3.2.3 位运算

图像的位运算是指对图像的像素值按照二进制值逐位进行逻辑运算，它包括按位与、按位或、按位异或和按位非 4 种运算。OpenCV 提供了位运算函数，如表 3-3 所示。

表 3-3 OpenCV 中的位运算函数

函 数	说 明	运算规则
dst=cv2.bitwise_and(src1,src2[,mask])	实现两幅图像按位与运算。其中，dst 表示按位与运算后的图像，与输入图像的形状和类型相同；src1 和 src2 表示进行按位与运算的图像，要求两幅图像具有相同的形状和类型；mask 表示图像掩模，为可选参数，默认为 None	将两幅图像每个像素值都转换为二进制，然后对两幅图像相同位置的两个像素值进行按位与运算（即若参与按位与运算的两个值均为 1，则结果为 1，否则结果为 0），最后将运算结果保存到结果图像的相同位置上
dst=cv2.bitwise_or(src1,src2[,mask])	实现两幅图像按位或运算。其中，dst 表示按位或运算后的图像，与输入图像的形状和类型相同；src1 和 src2 表示进行按位或运算的图像，要求两幅图像具有相同的形状和类型；mask 表示图像掩模，为可选参数，默认为 None	将两幅图像每个像素值都转换为二进制，然后对两幅图像相同位置的两个像素值进行按位或运算（即若参与按位或运算的两个值均为 0，则结果为 0，否则结果为 1），最后将运算结果保存到结果图像的相同位置上
dst=cv2.bitwise_xor(src1,src2[,mask])	实现两幅图像按位异或运算。其中，dst 表示按位异或运算后的图像，与输入图像的形状和类型相同；src1 和 src2 表示进行按位异或运算的图像，要求两幅图像具有相同的形状和类型；mask 表示图像掩模，为可选参数，默认为 None	将两幅图像每个像素值都转换为二进制，然后对两幅图像相同位置的两个像素值进行按位异或运算（即若参与按位异或运算的两个值相同，则结果为 0，否则结果为 1），最后将运算结果保存到结果图像的相同位置上
dst=cv2.bitwise_not(src[,mask])	实现图像按位非运算。其中，dst 表示按位非运算后的图像，与输入图像的形状和类型相同；src 表示进行按位非运算的图像；mask 表示图像掩模，为可选参数，默认为 None	将图像每个像素值都转换为二进制，然后对图像的像素值进行按位非运算（即若参与按位非运算的值为 1，则结果为 0，否则结果为 1），最后将运算结果保存到结果图像的相同位置上

【例 3-9】 编写程序，使用 OpenCV 的位运算函数对图像 "man.jpg" 和图像 "cloud.jpg"（见本书配套素材 "例题图像/man.jpg" 和 "例题图像/cloud.jpg"）进行位运算，观察运算结果。

【参考代码】

```
import cv2                              #导入OpenCV库
image1=cv2.imread("man.jpg")            #读取第一幅图像
cv2.imshow("Man",image1)                #显示第一幅图像
image2=cv2.imread("cloud.jpg")          #读取第二幅图像
cv2.imshow("Cloud",image2)              #显示第二幅图像
```

```
rows,colmns,channel=image1.shape      #获取第一幅图像的形状
#按第一幅图像的形状缩放第二幅图像
image2=cv2.resize(image2,(colmns,rows))
result1=cv2.bitwise_and(image1,image2)  #进行按位与运算
cv2.imshow("BitWiseAnd",result1)        #显示按位与运算后的图像
result2=cv2.bitwise_or(image1,image2)   #进行按位或运算
cv2.imshow("BitWiseOr",result2)         #显示按位或运算后的图像
result3=cv2.bitwise_xor(image1,image2)  #进行按位异或运算
cv2.imshow("BitWiseXor",result3)        #显示按位异或运算后的图像
#进行按位非运算
result4=cv2.bitwise_not(image1)
#显示按位非运算后的图像
cv2.imshow("BitWiseNot",result4)
cv2.waitKey()                           #窗口等待，按任意键继续
cv2.destroyAllWindows()                 #释放所有窗口
```

图 3-11 的彩色图像

【运行结果】 程序运行结果如图 3-11 所示。

（a）第一幅原图像

（b）第二幅原图像

（c）按位与运算后的图像

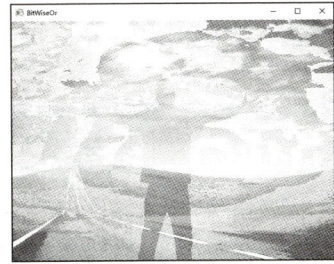

（d）按位或运算后的图像

（e）按位异或运算后的图像

（f）按位非运算后的图像

图 3-11 例 3-9 程序运行结果

【例 3-10】 编写程序，使用 OpenCV 读取图像"dog_1.png"（见本书配套素材"例题图像/dog_1.png"），并为该图像加上掩模，只显示头部区域。

【参考代码】

```
import cv2                                    #导入 OpenCV 库
import numpy as np                            #导入 NumPy 库
image=cv2.imread("dog_1.png")                 #读取原图像
cv2.imshow("Input",image)                     #显示原图像
#产生与原图像形状相同且值全为 0 的掩模
mask=np.zeros(image.shape,dtype=np.uint8)
mask[50:160,200:280,]=255                     #在掩模上设置白色中间区域
cv2.imshow("Mask",mask)                       #显示掩模
result=cv2.bitwise_and(image,mask)            #进行按位与运算
cv2.imshow("Result",result)                   #显示加上掩模后的图像
cv2.waitKey()                                 #窗口等待，按任意键继续
cv2.destroyAllWindows()                       #释放所有窗口
```

【运行结果】 程序运行结果如图 3-12 所示。

（a）原图像　　　　　　　　（b）掩模　　　　　　　（c）加掩模后的图像

图 3-12　例 3-10 程序运行结果

项目实施——农产品图像的色彩分割

1. 图像预处理

步骤 1　导入本项目所需要的模块与包。

步骤 2　定义图像文件存放位置变量 img_path，然后读取该图像文件，并显示。

步骤 3　使用 cv2.cvtColor() 函数将图像的色彩空间从 BGR 转换为 HSV，并显示 HSV 图像。

农产品图像的
色彩分割

指点迷津

开始编写程序前,须将本书配套素材"项目实施图像\Resources\orange.jpg"文件复制到当前工作目录下的"\Resources"文件夹中。

【参考代码】

```
import cv2                                  #导入OpenCV库
import numpy as np                          #导入NumPy库
img_path="Resources/orange.jpg"
img=cv2.imread(img_path)                    #读取图像
cv2.imshow("Original",img)                  #显示原图像
#将图像的色彩空间从BGR转换为HSV
imgHSV=cv2.cvtColor(img,cv2.COLOR_BGR2HSV)
cv2.imshow("HSV",imgHSV)                    #显示HSV图像
```

图 3-13 和图 3-14 的彩色图像

【运行结果】 原图像如图 3-13 所示,HSV 图像如图 3-14 所示。

图 3-13 原图像

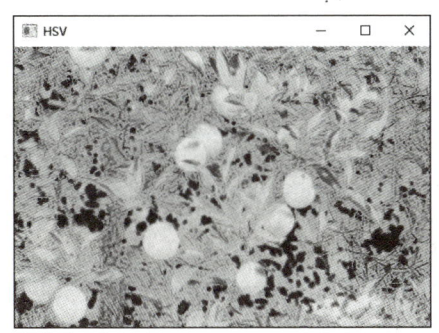

图 3-14 HSV 图像

2. 创建滑动条窗口

步骤 1 定义滑动条回调函数 empty(),函数参数为 obj,函数体中只有语句 pass。

步骤 2 调用 cv2.namedWindow()函数创建滑动条窗口,并命名为 TrackBars;然后调用 cv2.resizeWindow()函数设置窗口大小为 640×240。

步骤 3 调用 cv2.createTrackbar()函数创建 6 个滑动条并添加到滑动条窗口 TrackBars 中,这 6 个滑动条分别对应 HSV 色彩空间的 H、S 和 V 这 3 个通道的最大值和最小值。

【参考代码】

```
def empty(obj):                                 #定义滑动条回调函数
    pass
cv2.namedWindow("TrackBars")                    #创建滑动条窗口
cv2.resizeWindow("TrackBars",640,240)           #设置滑动条窗口的大小
```

```
#创建6个滑动条并添加到滑动条窗口
cv2.createTrackbar("Hue Min","TrackBars",0,180,empty)
cv2.createTrackbar("Hue Max","TrackBars",19,180,empty)
cv2.createTrackbar("Sat Min","TrackBars",134,255,empty)
cv2.createTrackbar("Sat Max","TrackBars",255,255,empty)
cv2.createTrackbar("Val Min","TrackBars",160,255,empty)
cv2.createTrackbar("Val Max","TrackBars",255,255,empty)
```

【运行结果】 滑动条窗口如图3-15所示。

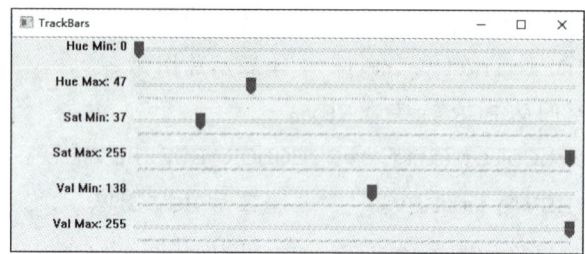

图3-15　滑动条窗口

高手点拨

在OpenCV中，滑动条是一种可以动态调节参数的控件，它依附于窗口而存在。cv2.createTrackbar(trackbarname,windowname,value,count,onChange)函数可用于创建滑动条，并将滑动条附加到指定的窗口上。其中，trackbarname表示滑动条名称；windowname表示滑动条所依附的窗口；value表示滑块的初始位置；count表示滑块的最大值；onChange表示回调函数。

创建好滑动条后，可以使用cv2.getTrackbarPos(trackbarname,winname)函数获取当前滑动条的滑块值，并返回。其中，trackbarname表示滑动条的名称；windowname表示滑动条所依附的窗口。

3. 色彩分割

步骤1　使用while循环，创建一个无限循环。

步骤2　在循环体中，使用cv2.getTrackbarPos()函数获取6个滑动条中的滑块值，并分别赋值给变量h_min、h_max、s_min、s_max、v_min和v_max。

步骤3　根据6个滑块值定义色调、饱和度和亮度的下界数组lower和上界数组upper。

步骤4　调用cv2.inRange()函数将橙子从图像中分割出来，得到掩模图像mask，并显示掩模图像。

步骤5　将原图像与原图像进行按位与运算，掩模为图像mask，得到结果图像imgResult，显示结果图像。此时，可拖动滑动条窗口的滑块对掩模图像进行调整，以获得最佳效果的结果图像。

步骤 6 按下"q"键,结束 while 循环,释放所有窗口。

【参考代码】

```
while True:
    #获取6个滑动条中的滑块值
    h_min=cv2.getTrackbarPos("Hue Min","TrackBars")
    h_max=cv2.getTrackbarPos("Hue Max","TrackBars")
    s_min=cv2.getTrackbarPos("Sat Min","TrackBars")
    s_max=cv2.getTrackbarPos("Sat Max","TrackBars")
    v_min=cv2.getTrackbarPos("Val Min","TrackBars")
    v_max=cv2.getTrackbarPos("Val Max","TrackBars")
    #定义橙色的下界数组和上界数组
    lower=np.array([[h_min],[s_min],[v_min]])
    upper=np.array([[h_max],[s_max],[v_max]])
    #调用 cv2.inRange()函数从图像中将橙子分割出来
    mask=cv2.inRange(imgHSV,lower,upper)
    cv2.imshow("Mask",mask)              #显示掩模图像
    #原图像与原图像进行按位与运算,掩模为图像 mask
    imgResult=cv2.bitwise_and(img,img,mask=mask)
    cv2.imshow("Result",imgResult)#显示结果图像
    #若按"q"键,则结束循环
    if cv2.waitKey(1)==ord('q'):
        break
cv2.destroyAllWindows()                  #释放所有窗口
```

图 3-17 的彩色图像

【运行结果】 掩模图像如图 3-16 所示,色彩分割后的结果图像如图 3-17 所示。

图 3-16 掩模图像

图 3-17 结果图像

项目实训

1. 实训目的

（1）熟练使用 OpenCV 进行色彩空间的转换。

（2）熟练使用 OpenCV 提取指定颜色范围的像素值。

2. 实训内容

使用 cv2.inRange() 函数将图像"photo.png"（见本书配套素材"Train\photo.png"）中的蓝色背景替换为红色。

（1）准备工作。导入本项目所用到的库，包括 OpenCV 和 NumPy 等。

（2）图像预处理。

① 使用 cv2.imread() 函数读取图像，并显示图像。

② 使用 cv2.cvtColor() 函数将图像的色彩空间由 BGR 转换为 HSV，并显示 HSV 图像。

（3）色彩分割。

① 分别定义蓝色的下界数组和上界数组。

② 使用 cv2.inRange() 函数将图像"photo.png"中的蓝色背景分割出来，得到图像 mask，并显示图像 mask。

③ 通过判断 mask 中大于 0 的值，将原图像中蓝色背景替换为红色，并显示结果图像。

④ 窗口等待，按任意键释放所有窗口。

3. 实训小结

按要求完成实训内容，并将实训过程中遇到的问题和解决办法记录在表 3-4 中。

表 3-4　实训过程

序　号	主要问题	解决办法
1		
2		
3		

项目总结

完成本项目的学习与实践后，请总结应掌握的重点内容，并将图 3-18 中的空白处填写完整。

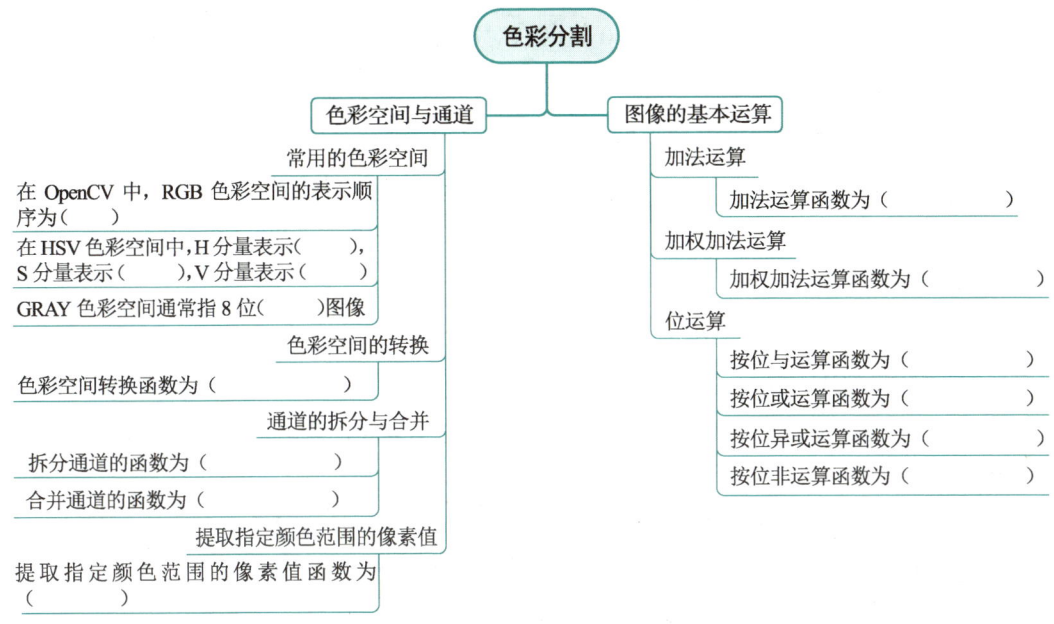

图 3-18　项目总结

项目考核

1. 选择题

（1）在 OpenCV 中，色彩空间转换函数为（　　）。

    A．cv2.getTrackbarPos()　　　　　　B．cv2.createTrackbar()

    C．cv2.cvtColor()　　　　　　　　　D．cv2.inRange()

（2）将图像的色彩空间从 RGB 转换为 GRAY 时，其灰度级的计算公式为（　　）。

    A．$Gray = 0.3R + 0.4G + 0.3B$

    B．$Gray = 0.114R + 0.587G + 0.299B$

    C．$Gray = 0.4R + 0.3G + 0.3B$

    D．$Gray = 0.299R + 0.587G + 0.114B$

（3）在 OpenCV 中，按位与运算函数为（　　）。

　　A．cv2.bitwise_and()　　　　　　B．cv2.bitwise_or()

　　C．cv2.bitwise_xor()　　　　　　D．cv2.bitweise_not()

（4）下列关于掩模的描述中，错误的是（　　）。

　　A．掩模图像一般是二值图像

　　B．掩模图像的作用是掩盖原图像

　　C．原图像中与掩模图像的 0 值区域对应部分被遮盖

　　D．原图像中与掩模图像的 255 值区域对应部分被暴露

（5）在 OpenCV 中，拆分通道的函数为（　　）。

　　A．cv2.merge()　　　　　　　　　B．cv2.cvtColorr()

　　C．cv2.split()　　　　　　　　　D．cv2.bitweise_not()

2．填空题

（1）在 OpenCV 中，RGB 色彩空间的表示顺序是_____。

（2）在 OpenCV 中，合并通道的函数为_____。

（3）在 OpenCV 中，使用 cv2.add() 函数进行加法运算时，若两个像素值之和超过 255，则会直接将结果按_____处理。

（4）_____是指在图像处理中将处理的图像以方框、圆、椭圆、不规则多边形等方式勾勒出需要处理的区域。

（5）在 OpenCV 中，cv2.getTrackbarPos(trackbarname,winname) 函数的_____参数是用来指定滑动条名称的。

3．简答题

（1）HSV 色彩空间中的 H、S、V 分别代表什么？在 OpenCV 中，它们的取值范围分别是多少？

（2）图像的位运算有哪几种？在 OpenCV 中对应的函数分别是什么？

项目评价

结合本项目的学习情况，完成项目评价，并将评价结果填入表 3-5 中。

表 3-5 项目评价

评价项目	评价内容	评价分数			
		分值	自评	互评	师评
项目完成度评价（20%）	项目准备阶段，回答问题是否清晰准确，能够紧扣主题，没有明显错误	5 分			
	项目实施阶段，是否能够根据操作步骤完成本项目	5 分			
	项目实训阶段，是否能够出色完成实训内容	5 分			
	项目总结阶段，是否能够正确地将项目总结的空白信息补充完整	2 分			
	项目考核阶段，是否能够正确地完成考核题目	3 分			
知识评价（30%）	是否掌握 RGB、HSV、GRAY 等常用色彩空间的概念	10 分			
	是否理解通道的概念	10 分			
	是否了解图像掩模的作用及其使用方法	10 分			
技能评价（30%）	是否能够使用 OpenCV 实现色彩空间的转换	8 分			
	是否能够使用 OpenCV 实现通道的拆分与合并	7 分			
	是否能够使用 OpenCV 提取指定颜色范围的像素值	5 分			
	是否能够使用 OpenCV 实现图像的基本运算，包括加法运算、加权加法运算和位运算	10 分			
素养评价（20%）	是否能够遵守课堂纪律，上课精神是否饱满	5 分			
	是否具有自主学习意识，做好课前准备	5 分			
	是否善于思考，积极参与，勇于提出问题	5 分			
	是否具有团队合作精神，出色完成小组任务	5 分			
合计	综合分数_____自评（25%）+互评（25%）+师评（50%）	100 分			
	综合等级_____	指导老师签字_____			
综合评价（创新、进步及不足）					

项目 4

图像平滑处理

项目目标

知识目标

- 理解直方图的概念及其用途。
- 掌握直方图均衡化的基本步骤。
- 了解卷积运算的过程。
- 掌握均值滤波、高斯滤波、中值滤波和双边滤波的原理。

技能目标

- 能够使用 OpenCV 进行图像的直方图处理。
- 能够使用均值滤波、高斯滤波、中值滤波和双边滤波进行图像平滑处理。

素养目标

- 提高选择合适方法解决不同问题的能力。
- 了解我国在计算机视觉方向的发展现状,增强民族自信心和自豪感。

项目 4 图像平滑处理

项目描述

为确保人物采访图像中当事人的隐私得到妥善保护，小旌决定对当事人脸部区域进行模糊处理。在图像处理技术中，平滑滤波是一种模糊处理的有效方法，它能使当事人脸部像素与其周围像素趋于相似，导致图像中灰度值随空间位置的变化变得平缓。这一过程能够显著降低图像的清晰度，减少纹理细节的辨识度，从而达到模糊效果。

在平滑滤波过程中，滤波模板的尺寸大小对图像的模糊程度起着至关重要的作用。为了更好地满足模糊处理的需求，小旌决定采用较大尺寸的滤波模板。他将分别对当事人的脸部区域进行高斯滤波和中值滤波处理，以便更直观地比较这两种滤波方法在图像平滑模糊方面的效果。通过这样的处理，他期望能够在保护当事人隐私的同时，保持图像的整体美观和可读性。

项目分析

按照项目要求，将对图像的感兴趣区域进行平滑模糊的步骤分解如下。

第 1 步：读取图像。读取人物采访图像，并显示。

第 2 步：获取感兴趣区域。从人物采访图像中获取采访人物的脸部区域作为感兴趣区域，并显示。

第 3 步：使用高斯滤波进行平滑模糊。对采访人物的脸部区域图像进行高斯滤波，并将高斯滤波后的采访人物的脸部区域图像赋值给原图像。

第 4 步：使用中值滤波进行平滑模糊。对采访人物的脸部区域图像进行中值滤波，并将中值滤波后的采访人物的脸部区域图像赋值给原图像。

为了对图像的感兴趣区域进行平滑模糊，本项目将对相关知识进行介绍，包括认识直方图、绘制直方图、直方图均衡化，以及均值滤波、高斯滤波、中值滤波和双边滤波等常用的图像平滑滤波方法。

项目准备

全班学生以 3～5 人为一组进行分组，各组选出组长。组长组织组员扫码观看"认识图像噪声"视频，讨论并回答下列问题。

问题 1：图像噪声的常见类型有哪几种？

问题 2：图像去噪的常用技术有哪些？

认识图像噪声

4.1 图像的直方图处理

4.1.1 认识直方图

直方图又称灰度直方图，是计算机视觉技术中非常实用的统计工具。

直方图用于表示图像中灰度级的分布状况，统计不同灰度值的像素在图像中出现的次数。直方图的 x 轴表示不同的灰度级，y 轴表示图像中各个灰度级像素的个数。图 4-1 给出了一个直方图的示例，其中，图（a）是一幅图像的数组，图（b）是该图像的直方图。可见，灰度值为 1 的像素个数为 5，灰度值为 2 的像素个数为 4……通过直方图，可以对图像的对比度、亮度和灰度分布有一个直观的认识。

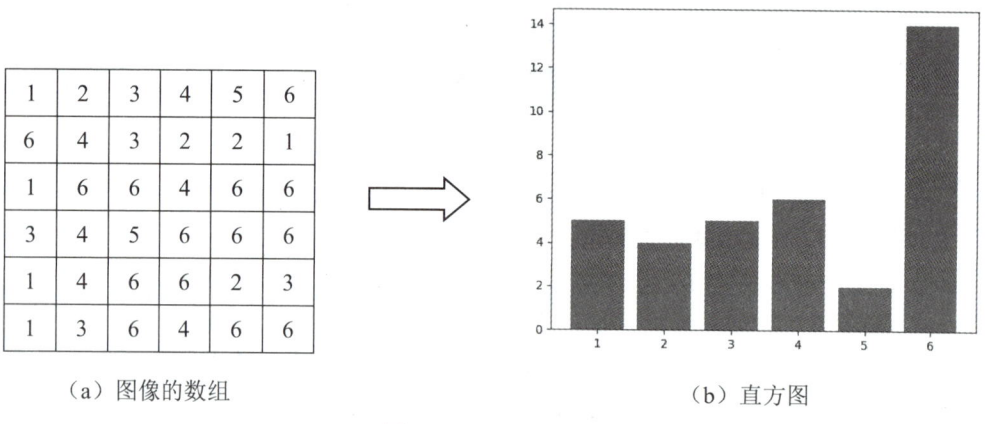

图 4-1　直方图示例

图像的直方图具有如下性质。

（1）只反映图像中不同灰度级的出现次数，不能反映某一灰度级像素所在的位置信息。

（2）任意给定图像的直方图是唯一的，任意给定直方图所对应的图像不唯一。

（3）由于直方图是对具有相同灰度级的像素统计得到的，因此若某一幅图像由多幅子图像构成，则各子图像直方图之和应等于原始图像的直方图。

在计算机视觉技术中，直方图主要有如下应用。

（1）图像增强。通过调整像素值，让图像的像素符合某种统计特性，从而提升图像的质量，达到图像增强的目的。

（2）图像分割。利用直方图来将图像划分为多个区域，从而进行图像分割。

（3）像素的统计特性，可以作为图像的一种特征，用于对图像内容进行分类、检索和压缩等。

4.1.2 绘制直方图

使用 OpenCV 的 cv2.calcHist()函数统计图像的直方图信息，然后再使用 matplotlib.pyplot 库中的 plot()函数即可绘制直方图。cv2.calcHist()函数的格式如下。

```
hist=cv2.calcHist(image,channels,mask,histSize,ranges[,
accumulate=False])
```

其中，hist 表示一维数组，数组内的元素为各灰度级像素的个数；image 表示输入图像，image 须使用"[]"括起来（本函数所有的参数均须用"[]"括起来，不再赘述）；channels 表示要计算的通道列表，如果输入图像是灰度图像，其值为[0]，如果输入图像是彩色图像，则其值分别为[0]、[1]、[2]，分别对应通道 B、G、R；mask 表示掩模图像，当统计整幅图像的直方图时，其值为 None，当统计图像某一部分的直方图时，需要使用掩模图像；histSize 表示 BINS 的值；ranges 表示像素值范围，通常为[0, 255]；accumulate 表示累计标识，为可选参数，默认为 False。

> **指点迷津**
>
> 在使用 OpenCV 处理直方图时，应注意下列 3 个概念。
> （1）ranges：要统计的灰度级范围。直方图中像素的灰度级范围一般为[0, 255]，0 表示黑色，255 表示白色。
> （2）BINS：灰度级的分组数量。在处理直方图时，将灰度级按一定范围进行划分，得到的子集数量为 BINS。例如，灰度图像的灰度级范围为[0, 255]，按 16 个灰度级分为一组，可分成 16 个子集，则 BINS 为 16。
> （3）DIMS：绘制直方图时采集的参数数量。一般的直方图只采集灰度级，所以 DIMS 为 1。

【例 4-1】 编写程序，使用 OpenCV 的 cv2.calcHist()函数统计灰度图像"lake.jpg"（见本书配套素材"例题图像/lake.jpg"）的直方图信息，并绘制直方图。

【参考代码】

```
import cv2                                    #导入OpenCV库
import matplotlib.pyplot as plt               #导入Matplotlib库
image=cv2.imread("lake.jpg")                  #读取图像
#统计直方图信息
hist=cv2.calcHist([image],[0],None,[256],[0,255])
plt.plot(hist)                                #绘制图形
plt.show()                                    #显示图形
```

【运行结果】 程序运行结果如图 4-2 所示。

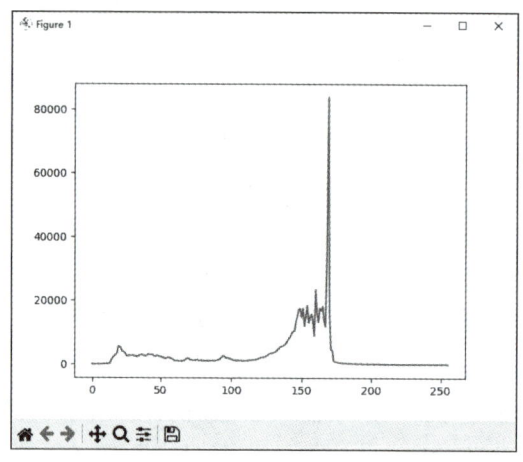

图 4-2　例 4-1 程序运行结果

高手点拨

除了可以使用 OpenCV 的 cv2.calcHist()函数统计直方图信息外，还可以使用 NumPy 库中的 histogram()函数统计直方图信息。

彩色图像有 3 个通道，可以分别将这 3 个通道的值提取出来，然后分别绘制直方图，从而查看每个通道上像素的分布情况。

【例 4-2】　编写程序，使用 OpenCV 的 cv2.calcHist()函数统计彩色图像"flower.png"（见本书配套素材"例题图像/flower.png"）的直方图信息，并绘制直方图。

【参考代码】

```
import cv2                                  #导入OpenCV库
import matplotlib.pyplot as plt             #导入Matplotlib库
image=cv2.imread("flower.png")              #读取图像
#统计图像直方图信息
hist0=cv2.calcHist([image],[0],None,[256],[0,255])
hist1=cv2.calcHist([image],[1],None,[256],[0,255])
hist2=cv2.calcHist([image],[2],None,[256],[0,255])
plt.plot(hist0,color='b',linestyle='-')     #绘制图形
plt.plot(hist1,color='g',linestyle=':')
plt.plot(hist2,color='r',linestyle='-.')
plt.show()                                  #显示图形
```

【运行结果】　程序运行结果如图 4-3 所示。

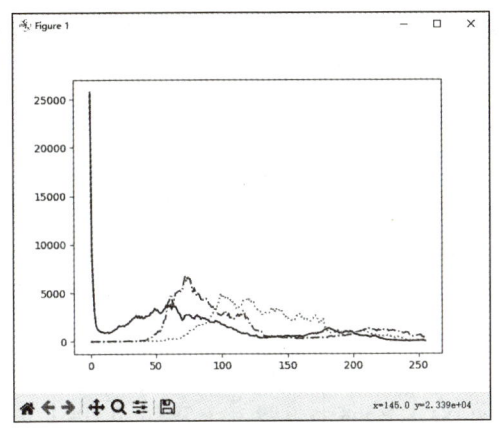

图 4-3 的彩色图像

图 4-3　例 4-2 程序运行结果

4.1.3　直方图均衡化

1. 直方图均衡化的基本步骤

直方图均衡化是一种简单有效的图像增强技术，主要用于增强图像中动态范围偏小的对比度，尤其适用于图像有效数据对比度相似的情况。这个方法的基本思想是把原始图像的直方图变换为均匀分布（均衡）的形式，这样就增加了像素之间灰度值差别的动态范围，从而达到增强图像整体对比度的效果。

直方图均衡化的步骤如下。

（1）计算输入图像的归一化灰度直方图数据 $h(r)$，计算公式如下。

$$h(r) = \frac{n_r}{n}, \quad r = 0, 1, 2, \cdots, L-1$$

其中，L 表示图像灰度级；n_r 表示图像中灰度值为 r 的像素个数，n 表示图像的像素总数。

（2）使用累积分布函数 $H(r)$，并将其作为灰度变换函数，计算直方图的累积值 t_r。累积分布函数，又称累计直方图或累积直方图，用于统计图像中灰度值小于或等于某一灰度值 r 的所有像素的灰度值之和，计算公式如下。

$$t_r = H(r) = \sum_{i=0}^{r} h(i), \quad 0 \leqslant r < L$$

累积分布函数也可以用递归形式表示，计算公式如下。

$$H(r) = \begin{cases} h(0), & r = 0, \\ H(r-1) + h(r), & 0 < r < L \end{cases}$$

（3）将直方图的累积值 t_r 量化为 $[0, L-1]$ 的整数，计算公式如下。

$$t_r = \text{Int}[(L-1)t_r + 0.5]$$

其中，函数 $\text{Int}(x)$ 表示对 x 取整。

（4）根据映射关系修改原图像的灰度级，获得直方图近似均匀分布的输出图像。

假设有一幅 7×7 的 8 个灰度级的图像，对其进行直方图均衡化计算的步骤和结果如表 4-1 所示。

表 4-1　直方图均衡化计算的步骤和结果

计算步骤	计算结果							
灰度级	0	1	2	3	4	5	6	7
像素个数	9	9	6	5	6	3	3	8
归一化	0.184	0.184	0.122	0.102	0.122	0.061	0.061	0.164
计算直方图的累积值	0.184	0.368	0.49	0.592	0.714	0.775	0.836	1
量化为 $[0, L-1]$ 的整数	1	3	3	4	5	5	6	7
计算直方图均衡化后的值	0.184	—	0.306	0.102	—	0.183	0.061	0.164

由于图像的直方图是离散灰度值的频数分布，直方图均衡化只能通过把输入图像中几个不同的灰度值映射为相同的输出灰度值，从而移动和合并直方图中灰度值的频数，使输出图像的灰度直方图尽可能呈现为均匀分布，但不能将某个灰度值的频数分裂为多个条目。因此，直方图均衡化只能使输出图像直方图在某种程度上近似均匀分布。

2. 直方图均衡化的 OpenCV 实现

OpenCV 提供的 cv2.equalizeHist()函数用于实现直方图均衡化，其格式如下。

```
dst=cv2.equalizeHist(src)
```

其中，dst 表示直方图均衡化后的输出图像；src 表示输入图像。

【例 4-3】　编写程序，使用 OpenCV 的 cv2.equalizeHist()函数将图像"lake.jpg"（见本书配套素材"例题图像/lake.jpg"）进行直方图均衡化，并绘制原图像和直方图均衡化后图像的直方图。

【参考代码】

```
import cv2                                  #导入 OpenCV 库
import matplotlib.pyplot as plt             #导入 Matplotlib 库
image=cv2.imread("lake.jpg")                #读取图像
cv2.imshow("Input",image)                   #显示原图像
#从 BGR 色彩空间转换为 GRAY 色彩空间
gray=cv2.cvtColor(image,cv2.COLOR_BGR2GRAY)
eqHist=cv2.equalizeHist(gray)               #进行直方图均衡化
cv2.imshow("equalizeHist",eqHist)           #显示直方图均衡后的图像
plt.figure(figsize=(10,10))                 #创建画布并设置画布的大小
#统计原图像直方图信息
```

```
hist1=cv2.calcHist([image],[0],None,[256],[0,255])
plt.subplot(121)                    #绘制直方图
plt.title("Input")
plt.plot(hist1)
#统计直方图均衡化后的图像直方图信息
hist2=cv2.calcHist([eqHist],[0],None,[256],[0,255])
plt.subplot(122)                    #绘制直方图
plt.title("equalizeHist")
plt.plot(hist2)
plt.show()                          #显示图形
cv2.waitKey()                       #窗口等待，按任意键继续
cv2.destroyAllWindows()             #释放所有窗口
```

【运行结果】 程序运行结果如图4-4所示。

（a）原图像　　　　　　　　　　（b）直方图均衡化后的图像

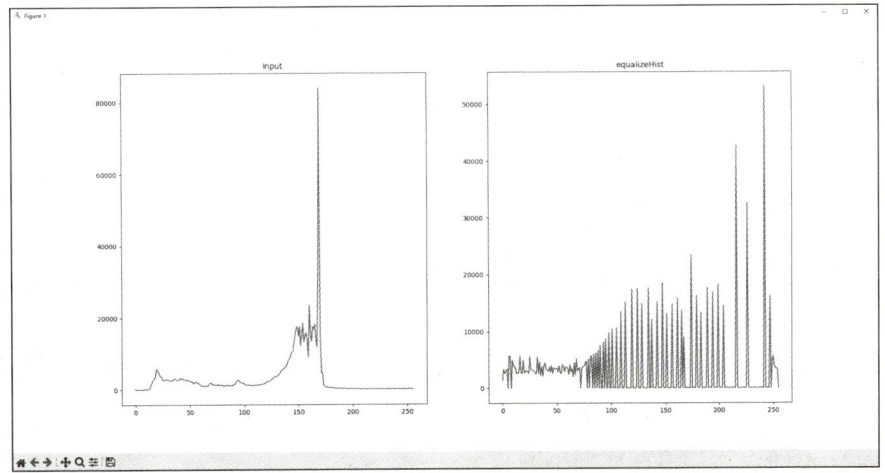

（c）原图像直方图及直方图均衡化后的图像直方图

图4-4　例4-3程序运行结果

4.2 图像平滑滤波

图像平滑滤波是一种数字图像处理技术，它通过改变或加强图像中的特定信息来改善图像的质量。卷积运算是图像平滑滤波的主要运算方法，那么什么是卷积运算呢？对于一幅输入图像和一个大小固定的滤波模板（又称卷积核），卷积运算是将滤波模板在输入图像上从左向右、从上向下逐渐滑动，计算图像中每一像素灰度值与滤波模板中的各个元素相乘并求和，得到卷积结果。卷积运算示例如图 4-5 所示。

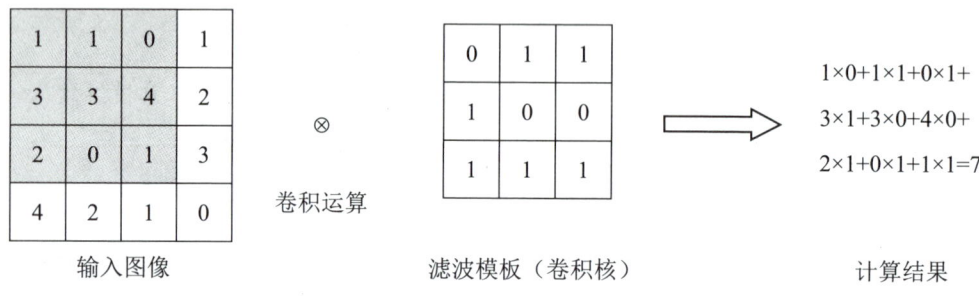

图 4-5　卷积运算示例

步长是滤波模板沿着输入图像每次移动的距离，步长可以为 1，也可以大于 1。滤波模板的大小必须是奇数×奇数，这样的滤波模板才有唯一的中心位置，滤波模板的中心位置称为锚点。

如果滤波模板的所有元素之和为 1，则可保证卷积运算前后图像的总体亮度不变；如果滤波模板的所有元素之和大于 1，则卷积运算后的图像总体会变亮；如果滤波模板的所有元素之和小于 1，则卷积运算后的图像总体会变暗。

图像平滑滤波一般用于消除图像中的噪声，起到图像平滑的作用。实现图像平滑的常用方法有均值滤波、高斯滤波、中值滤波和双边滤波等，不同方法所采用的滤波模板有所不同。

4.2.1　均值滤波

均值滤波是将一个像素及其邻域中所有像素的灰度平均值赋给输出图像中相应像素的灰度值，从而达到平滑的目的。最简单的均值滤波是将滤波模板的所有元素都设置为相同的值，例如，3×3 的滤波模板的所有元素均设置为 1/9，5×5 的滤波模板的所有元素均设置为 1/25。图 4-6 为均值滤波的示例。

像素的邻域与邻接性

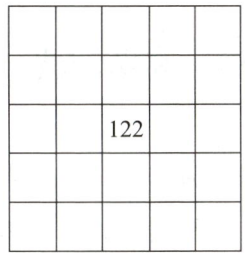

计算过程：$41/9+107/9+5/9+198/9+226/9+223/9+37/9+68/9+193/9=122$

图 4-6　均值滤波的示例

OpenCV 提供的 cv2.blur()函数用于实现均值滤波，其格式如下。

```
dst=cv2.blur(src,ksize[,anchor[,borderType]])
```

其中，dst 表示均值滤波后的输出图像；src 表示输入图像；ksize 表示滤波模板大小，其格式为(高度,宽度)，如(3,3)表示 3×3 的滤波模板；anchor 表示锚点，为可选参数，默认为 (−1,−1)，此时锚点位于滤波模板中心点；borderType 表示边界样式，即以何种方式处理边界，为可选参数，默认为 cv2.BORDER_DEFAULT。

【例 4-4】　编写程序，使用 OpenCV 对图像"dog.png"（见本书配套素材"例题图像/dog.png"）进行均值滤波，并显示均值滤波后的图像。

【参考代码】

```
import cv2                              #导入 OpenCV 库
image=cv2.imread("dog.png")             #读取图像
cv2.imshow("Input",image)               #显示原图像
blur=cv2.blur(image,(5,5))              #进行均值滤波，滤波模板大小为5×5
cv2.imshow("Blur",blur)                 #显示均值滤波后的图像
cv2.waitKey()                           #窗口等待，按任意键继续
cv2.destroyAllWindows()                 #释放所有窗口
```

【运行结果】　程序运行结果如图 4-7 所示。从结果中可以看出，图像去噪的同时也破坏了图像的细节部分，从而使图像变得模糊。

（a）原图像　　　　　　　（b）均值滤波后的图像

图 4-7　例 4-4 程序运行结果

4.2.2 高斯滤波

高斯滤波是一种线性平滑滤波，适用于消除高斯噪声，广泛应用于图像处理的减噪过程。高斯滤波与均值滤波的原理类似。在均值滤波时，滤波模板的每个元素都是均等的，也就是每个像素都同样重要，所以计算平均值即可。在高斯滤波时，滤波模板越靠近锚点的像素权重越大，越远离锚点的像素权重越小。这样可从权重大的像素中获取较多的信息，从权重小的像素中获取较少的信息。图 4-8 为高斯滤波的示例。

23	67	158	82	89
221	41	107	5	111
12	198	226	223	72
107	37	68	193	83
77	42	25	18	90

⊗ 卷积运算

0.05	0.1	0.05
0.1	0.4	0.1
0.05	0.1	0.05

⇒

		164		

计算过程：

$$41\times0.05+107\times0.1+5\times0.05+198\times0.1+226\times0.4+223\times0.1+37\times0.05+68\times0.1+193\times0.05\approx164$$

图 4-8　高斯滤波的示例

高手点拨

高斯噪声是指概率密度函数服从高斯分布（即正态分布）的一类噪声。在数字图像中，高斯噪声主要来源于采集期间，如由于不良照明或高温引起的传感器噪声。

OpenCV 提供的 cv2.GaussianBlur()函数用于实现高斯滤波，其格式如下。

```
dst=cv2.GaussianBlur(src,ksize,sigmaX[,sigmaY[,borderType]])
```

其中，dst 表示高斯滤波后的输出图像；src 表示输入图像；ksize 表示滤波模板大小，其格式为(高度,宽度)，如(3,3)表示 3×3 的滤波模板；sigmaX 表示滤波模板在水平方向的标准差；sigmaY 表示滤波模板在垂直方向的标准差，为可选参数，默认为 0，当 sigmaY 为 0 时，会自动将 sigmaY 的值设置为与 sigmaX 的值相同；borderType 表示边界样式，即以何种方式处理边界，为可选参数，默认为 cv2.BORDER_DEFAULT。

【例 4-5】　编写程序，使用 OpenCV 对图像“dog.png”（见本书配套素材“例题图像/dog.png”）进行高斯滤波，并显示高斯滤波后的图像。

【参考代码】

```
import cv2                              #导入 OpenCV 库
image=cv2.imread("dog.png")             #读取图像
cv2.imshow("Input",image)               #显示原图像
```

```
#进行高斯滤波,滤波模板大小为 3×3
blur=cv2.GaussianBlur(image,(3,3),3)
cv2.imshow("GaussianBlur",blur)        #显示高斯滤波后的图像
cv2.waitKey()                           #窗口等待,按任意键继续
cv2.destroyAllWindows()                 #释放所有窗口
```

【运行结果】 程序运行结果如图 4-9 所示。

（a）原图像　　　　　　　　　　（b）高斯滤波后的图像

图 4-9　例 4-5 程序运行结果

4.2.3　中值滤波

中值滤波首先对像素及其邻域中像素的灰度值进行排序,然后选择中间的灰度值作为该像素的灰度值。这种方法试图在去噪的同时,兼顾到边界信息的保留。图 4-10 为中值滤波的示例。

23	67	158	82	89
221	41	107	5	111
12	198	226	223	72
107	37	68	193	83
77	42	25	18	90

			107	

计算过程：226、223、198、193、107、68、41、37、5（从大到小或从小到大排序后取中值）

图 4-10　中值滤波的示例

中值滤波通过将数字图像中每个像素灰度值替换为其邻域像素灰度值的中值,以此接近其邻域像素的灰度值,进而有效地消除图像中的孤立噪声点。这种方法经常用于处理图像中的椒盐噪声,使得图像质量得到显著提升。

> **高手点拨**
>
> 椒盐噪声又称脉冲噪声，是图像中常见的一种噪声，它是一种随机出现的白点或者黑点，呈现方式是亮的区域有黑色像素或暗的区域有白色像素（或两者皆有）。椒盐噪声的成因可能是影像信号受到突如其来的强烈干扰、类比数位转换器或位元传输错误等，如图像分割操作产生的噪声。

OpenCV 提供的 cv2.medianBlur() 函数用于实现中值滤波，其格式如下。

```
dst=cv2.medianBlur(src,ksize)
```

其中，dst 表示中值滤波后的输出图像；src 表示输入图像；ksize 表示滤波模板的边长，其值必须为正奇数，如 3、5、7 等。

【例 4-6】 编写程序，使用 OpenCV 对图像 "dog.png"（见本书配套素材 "例题图像/dog.png"）进行中值滤波，并显示中值滤波后的图像。

【参考代码】

```
import cv2                              #导入OpenCV库
image=cv2.imread("dog.png")             #读取图像
cv2.imshow("Input",image)               #显示原图像
mblur=cv2.medianBlur(image,5)           #进行中值滤波
cv2.imshow("medianBlur",mblur)          #显示中值滤波后的图像
cv2.waitKey()                           #窗口等待，按任意键继续
cv2.destroyAllWindows()                 #释放所有窗口
```

【运行结果】 程序运行结果如图 4-11 所示。

（a）原图像　　　　　　　　　（b）中值滤波后的图像

图 4-11　例 4-6 程序运行结果

4.2.4 双边滤波

均值滤波和高斯滤波等去噪的同时，易导致图像边缘细节模糊。相比较而言，双边滤波可以在去噪的同时，保护图像的边缘信息。双边滤波综合考虑空间距离和色彩信

息,即双边滤波在计算某一像素的灰度值时,不仅考虑空间距离(距离越远,权重越小),还考虑色彩信息(色彩差别越大,权重越小)。通过对二者的非线性组合进行滤波,达到"保边去噪"的目的。

OpenCV 提供的 cv2.bilateralFilter()函数用于实现双边滤波,其格式如下。

dst=cv2.bilateralFilter(src,d,sigmaColor,sigmaSpace[,borderType])

其中,dst 表示双边滤波后的输出图像;src 表示输入图像;d 表示以当前点为中心的邻域的直径,通常设置为 5;sigmaColor 表示色彩信息的标准差,与当前像素色彩距离小于 sigmaColor 的像素才能参与到当前滤波中来;sigmaSpace 表示空间距离的标准差,该值仅在 d≤0 时才起作用,这时 d 的真实值由 sigmaSpace 的值来确定,d 的真实值与 sigmaSpace 成正比;borderType 表示边界样式,即以何种方式处理边界,为可选参数,默认为 cv2.BORDER_DEFAULT。

【例 4-7】 编写程序,使用 OpenCV 对图像"banana.png"(见本书配套素材"例题图像/banana.png")进行双边滤波,并显示双边滤波后的图像。

【参考代码】

```
import cv2                                          #导入OpenCV库
image=cv2.imread("banana.png")                      #读取图像
cv2.imshow("Input",image)                           #显示原图像
b_filter=cv2.bilateralFilter(image,-1,100,120)      #进行双边滤波
cv2.imshow("bilateralFilter",b_filter)              #显示双边滤波后的图像
cv2.waitKey()                                       #窗口等待,按任意键继续
cv2.destroyAllWindows()                             #释放所有窗口
```

【运行结果】 程序运行结果如图 4-12 所示。

(a) 原图像

(b) 双边滤波后的图像

图 4-12 例 4-7 程序运行结果

素养之窗

国际计算机视觉大会（international conference on computer vision, ICCV）由电气与电子工程师协会主办，在世界范围内每两年召开一次，与计算机视觉模式识别会议（CVPR）、欧洲计算机视觉会议（ECCV）并称计算机视觉方向的三大顶级会议。

在2023年国际计算机视觉大会上，由西安电子科技大学人工智能学院赵栋、臧琪等人完成的论文在大会上进行了展示。与此同时，焦李成教授、刘芳教授等共同指导的参赛队伍在ICCV 2023竞赛中共斩获26项冠亚季军奖项，获奖方案在大会上进行了报告。这些亮眼的成绩充分展现了我国学者这些年在计算机视觉领域取得的长足进步，这也说明我国的计算机视觉技术已经走在了国际前列。

项目实施——对图像的感兴趣区域进行平滑模糊

1. 读取图像

步骤 1　导入 OpenCV 库。

步骤 2　读取人物采访图像，并显示。

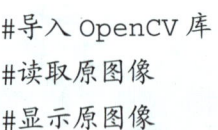

对图像的感兴趣区域进行平滑模糊

指点迷津

开始编写程序前，须将本书配套素材"Resources/interview.png"文件复制到当前工作目录的"Resources/"文件夹（若该文件夹不存在，须新建）中，也可将其放于其他盘，如果放于其他盘，读取数据文件时要指定相应路径。

【参考代码】

```
import cv2                                          #导入 OpenCV 库
image=cv2.imread('Resources/interview.png')         #读取原图像
cv2.imshow("Input",image)                           #显示原图像
```

【运行结果】　原图像如图 4-13 所示。

2. 获取感兴趣区域

步骤 1　在人物采访图像中，调用 cv2.selectROI() 函数手动选择采访人物的脸部区域作为感兴趣区域，并显示该区域的左上角坐标值、宽度和高度。

步骤 2　从人物采访图像中获取采访人物的脸部区域，并显示该区域图像。

图 4-13　原图像

项目 4　图像平滑处理

【参考代码】

```
#选择采访人物的脸部区域。其中，x和y表示左上角坐标，w和h表示宽度和高度
x,y,w,h=cv2.selectROI(image)
print("x={},y={},w={},h={}".format(x,y,w,h))
roi=image[y:y+h,x:x+w]        #获取采访人物的脸部区域图像
cv2.imshow('ROI',roi)         #显示采访人物的脸部区域图像
```

【运行结果】　运行程序须先在原图像中绘制感兴趣区域（见图 4-14），左上角坐标值、宽度和高度如图 4-15 所示，感兴趣区域图像如图 4-16 所示。

图 4-14　在原图像中绘制感兴趣区域

x=94,y=77,w=247,h=233

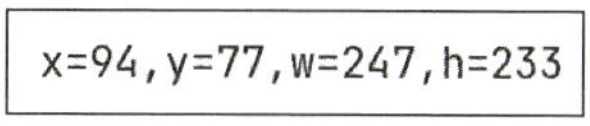

图 4-15　左上角坐标值、宽度和高度

图 4-16　感兴趣区域图像

高手点拨

函数 cv2.selectROI() 通常用于交互式地选择图像中的感兴趣区域。它允许用户在图形用户界面手动选择一个矩形区域，当按下空格键或回车键时完成感兴趣区域的选择，继续运行后面的代码。函数返回值为 4 个浮点数，表示所选矩形区域的左上角坐标、宽度和高度。

3．使用高斯滤波进行平滑模糊

步骤 1　复制原图像到图像文件 image1 中。

步骤 2　对采访人物的脸部区域图像进行高斯滤波，并显示高斯滤波后的采访人物的脸部区域图像。

步骤 3　将高斯滤波后的采访人物的脸部区域图像赋值给图像 image1 中，并显示对采访人物的脸部区域高斯滤波后的图像。

【参考代码】

```
image1=image.copy()
#对采访人物的脸部区域图像进行高斯滤波
roi1=cv2.GaussianBlur(roi,(25,25),3)
```

```
cv2.imshow('ROI1',roi1)    #显示高斯滤波后的采访人物的脸部区域图像
image1[y:y+h,x:x+w]=roi1
cv2.imshow('result1',image1)#显示对采访人物的脸部区域高斯滤波后的图像
```

【运行结果】 高斯滤波后的感兴趣区域图像如图4-17所示,对感兴趣区域高斯滤波后的图像如图4-18所示。

图4-17 高斯滤波后的感兴趣区域图像　　图4-18 对感兴趣区域高斯滤波后的图像

4. 使用中值滤波进行平滑模糊

步骤1 复制原图像到图像文件image2中。

步骤2 对采访人物的脸部区域图像进行中值滤波,并显示中值滤波后的采访人物的脸部区域图像。

步骤3 将中值滤波后的采访人物的脸部区域图像赋值给图像image2中,并显示对采访人物的脸部区域中值滤波后的图像。

步骤4 窗口等待,按任意键继续,并释放所有窗口。

【参考代码】

```
image2=image.copy()
roi2=cv2.medianBlur(roi,25)        #对采访人物的脸部区域图像进行中值滤波
cv2.imshow('ROI2',roi2)            #显示中值滤波后的采访人物的脸部区域图像
image2[y:y+h,x:x+w]=roi2
cv2.imshow('result2',image2)#显示对采访人物的脸部区域中值滤波后的图像
cv2.waitKey()                      #窗口等待,按任意键继续
cv2.destroyAllWindows()            #释放所有窗口
```

【运行结果】 中值滤波后的感兴趣区域图像如图4-19所示,对感兴趣区域中值滤波后的图像如图4-20所示。从上面两种滤波方法可以看出,使用同样大小的滤波模板进行滤波,中值滤波平滑模糊的效果要好于高斯滤波。

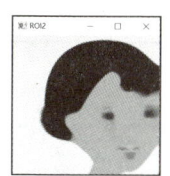

图 4-19 中值滤波后的感兴趣区域图像　　　图 4-20 对感兴趣区域中值滤波后的图像

 项目实训

1．实训目的

（1）熟练使用 OpenCV 对图像进行中值滤波。

（2）熟练使用 OpenCV 创建滑动条，获取滑动条中滑块的值。

2．实训内容

创建滑动条，并对图像"dog.png"（见本书配套素材"Train\dog.png"）进行中值滤波。

（1）数据准备。

① 导入本项目需要的 OpenCV 库。

② 使用 OpenCV 中的函数读取并显示图像。

（2）创建滑动条窗口。

① 定义滑动条回调函数 onValue()，函数参数为 obj，函数体中只有语句 pass。

② 调用 cv2.namedWindow()函数创建滑动条窗口，并命名为 MedianBlur。

③ 调用 cv2.createTrackbar()函数创建滑动条并添加到滑动条窗口 MedianBlur 中，滑动条的名称为 Value，滑块的初始位置为 0，滑块的最大值为 100，回调函数为 onValue()。

（3）中值滤波。

① 使用 while 循环，创建一个无限循环。

② 在循环体中，使用 cv2.getTrackbarPos()函数获取滑动条的值，并赋值给变量 Value。

③ 对原图像进行中值滤波，滤波模板的大小为 2*Value+1，并显示滤波后的图像。

④ 当按"q"键时，结束 while 循环，并释放所有窗口。

3．实训小结

按要求完成实训内容，并将实训过程中遇到的问题和解决办法记录在表 4-2 中。

表 4-2　实训过程

序　号	主要问题	解决办法
1		
2		
3		

项目总结

完成本项目的学习与实践后，请总结应掌握的重点内容，并将图 4-21 中的空白处填写完整。

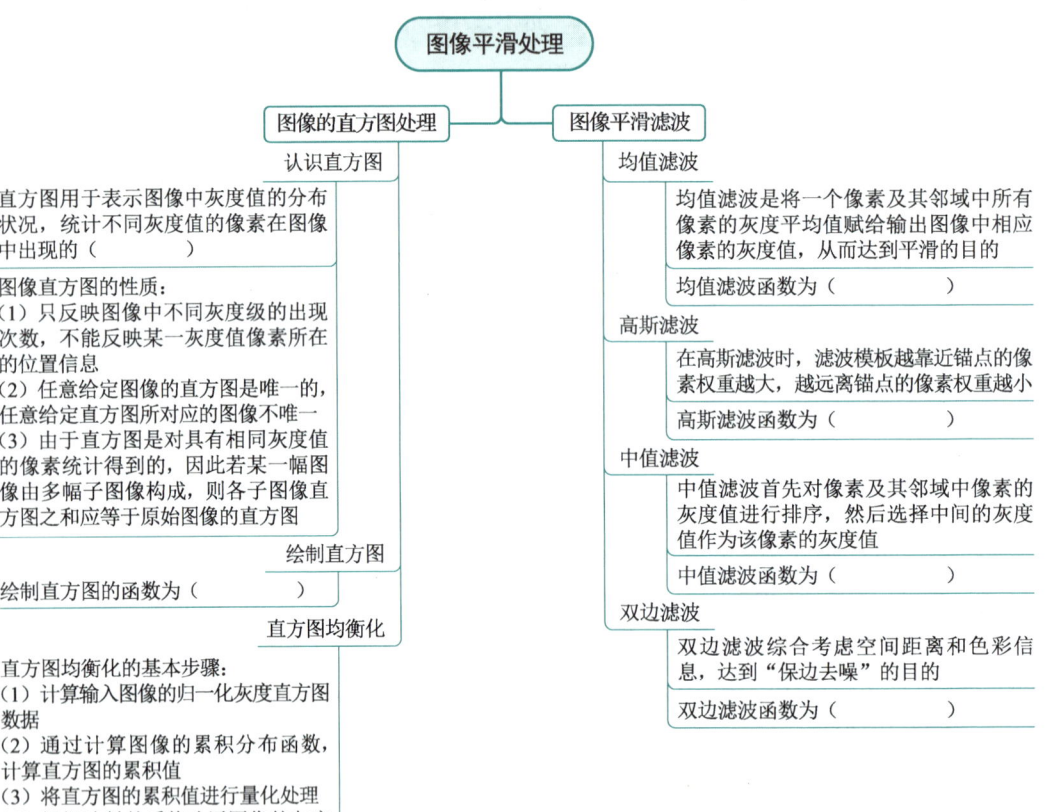

图 4-21　项目总结

项目 4 图像平滑处理

项目考核

1．选择题

（1）在 OpenCV 中，直方图均衡化的函数为（　　）。
　　A．cv2.histogram()　　　　　　B．cv2.calcHist()
　　C．cv2.equalizeHist()　　　　　D．cv2.blur()

（2）下列选项中，（　　）经常用来处理椒盐噪声。
　　A．中值滤波　　　　　　　　　B．均值滤波
　　C．高斯滤波　　　　　　　　　D．双边滤波

（3）在 OpenCV 中，语句"blur=cv2.GaussianBlur(image,(5,5),3)"的滤波模板在垂直方向上的标准差为（　　）。
　　A．0　　　　B．1　　　　C．3　　　　D．5

（4）在 cv2.medianBlur()函数中，滤波模板大小必须是（　　）。
　　A．偶数　　　B．任意值　　C．正奇数　　D．奇数

（5）在 OpenCV 中，语句"x,y,w,h=cv2.selectROI(image)"返回的内容为（　　）。
　　A．左上角坐标(x,y)，右下角坐标(w,h)
　　B．左上角坐标(x,y)，所选区域的宽为 w，所选区域的高为 h
　　C．左上角坐标(x,y)，所选区域的高为 w，所选区域的宽为 h
　　D．左上角坐标(x,y)，右上角坐标(w,h)

（6）在 OpenCV 中，使用 cv2.blur()函数进行均值滤波时，需要将滤波模板的所有元素都设置为（　　）的。
　　A．不同　　　B．均等　　　C．任意　　　D．空

2．填空题

（1）统计直方图的信息既可以使用 OpenCV 的＿＿＿＿＿＿函数，也可以使用 NumPy 库中的 histogram()函数来实现。

（2）高斯滤波常常用于处理＿＿＿＿＿＿噪声。

（3）双边滤波不仅考虑＿＿＿＿＿＿，还考虑＿＿＿＿＿＿。通过对二者的非线性组合进行滤波，达到"保边去噪"的目的。

（4）在图像平滑滤波中，如果滤波模板的所有元素之和大于1，则卷积运算后的图像总体会＿＿＿＿＿＿。

（5）＿＿＿＿＿＿又称脉冲噪声，是图像中常见的一种噪声，它是一种随机出现的白点或者黑点，呈现方式是亮的区域有黑色像素或暗的区域有白色像素。

97

3. 简答题

（1）图像的直方图有哪些性质？

（2）简述卷积运算的步骤。

项目评价

结合本项目的学习情况，完成项目评价，并将评价结果填入表 4-3 中。

表 4-3 项目评价

评价项目	评价内容	评价分数			
		分值	自评	互评	师评
项目完成度评价（20%）	项目准备阶段，回答问题是否清晰准确，能够紧扣主题，没有明显错误	5 分			
	项目实施阶段，是否能够根据操作步骤完成本项目	5 分			
	项目实训阶段，是否能够出色完成实训内容	5 分			
	项目总结阶段，是否能够正确地将项目总结的空白信息补充完整	2 分			
	项目考核阶段，是否能够正确地完成考核题目	3 分			
知识评价（30%）	是否理解直方图的概念和用途	10 分			
	是否掌握直方图均衡化的基本步骤	5 分			
	是否掌握均值滤波、中值滤波、高斯滤波和双边滤波的原理	15 分			
技能评价（30%）	是否能够使用 OpenCV 绘制直方图	5 分			
	是否能够使用 OpenCV 实现直方图均衡化	10 分			
	是否能够使用均值滤波、中值滤波、高斯滤波和双边滤波进行图像平滑处理	15 分			
素养评价（20%）	是否能够遵守课堂纪律，上课精神是否饱满	5 分			
	是否具有自主学习意识，做好课前准备	5 分			
	是否善于思考，积极参与，勇于提出问题	5 分			
	是否具有团队合作精神，出色完成小组任务	5 分			
合计	综合分数_____自评（25%）+互评（25%）+师评（50%）	100 分			
	综合等级_____	指导老师签字_____			
综合评价（创新、进步及不足）					

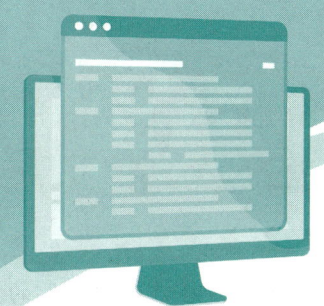

项目 5

形状识别

项目目标

知识目标

- 理解图像梯度的概念。
- 掌握图像梯度的计算方法。
- 掌握 Canny 边缘检测算法的主要步骤。
- 了解图像轮廓的概念。
- 了解霍夫变换的基本原理。

技能目标

- 能够使用 OpenCV 进行图像的边缘检测。
- 能够使用 OpenCV 进行图像轮廓的查找、绘制及拟合。
- 能够使用 OpenCV 进行图像的霍夫变换。

素养目标

- 提升职业操守，在面临重大选择时，能够做出有利于国家和民族的决策。
- 发扬精益求精的工匠精神，养成严谨认真的工作态度。

计算机视觉技术及应用

项目描述

图像的轮廓特征是图像中非常重要的一种特征。在实际应用中，经常利用轮廓的大小、形状、位置和方向等特征来进行图像的识别和分类。了解到这一点，小旌打算根据图像轮廓形状的不同，对图像中的交通标志进行识别和分类。

小旌发现，交通标志的形状有一定的规律，如限速标志的形状为圆形，警示标志的形状为三角形，指示标志的形状为矩形。他打算首先对交通标志图像进行预处理，包括色彩空间的转换和高斯滤波，然后对预处理后的图像进行Canny边缘检测和图像轮廓查找与绘制，并根据轮廓查找的结果，对每个轮廓进行形状识别，以实现交通标志的分类。

项目分析

按照项目要求，将交通标志形状识别与分类的步骤分解如下。

第1步：图像预处理。读取原图像，对原图像依次进行色彩空间的转换和高斯滤波等预处理操作，并显示原图像和预处理后的图像。

第2步：轮廓查找与绘制。首先对预处理后的图像进行Canny边缘检测，然后对边缘检测后的图像进行图像轮廓查找与绘制，并显示边缘检测后的图像和绘制轮廓后的图像。

第3步：形状识别与分类。根据轮廓查找的结果，循环遍历每个轮廓，对每个轮廓进行形状识别，以实现交通标志的分类。

为了实现交通标志形状识别与分类，本项目将对相关知识进行介绍，包括图像的梯度计算，Canny边缘检测，图像轮廓的查找与绘制，图像轮廓的长度与面积的计算，图像轮廓的拟合，以及霍夫直线变换和霍夫圆变换。

项目准备

全班学生以3~5人为一组进行分组，各组选出组长。组长组织组员扫码观看"边缘检测的主要应用"视频，讨论并回答下列问题。

问题1：_____是指图像局部特性的突变，如灰度级的突变、颜色的突变、纹理结构的突变等。

问题2：说一说边缘检测的应用场景（不少于3种）。

边缘检测的主要应用

项目 5 形状识别

5.1 边缘检测

图像边缘是指图像局部特性的不连续性,如灰度级的突变、颜色的突变、纹理结构的突变等。边缘是一个区域的结束,也是另一个区域的开始,利用该特征可以进行图像分割。

在实际的图像处理问题中,图像的边缘作为图像的一种基本特征,边缘的确定和提取经常被应用到较高层次的图像中,并在图像识别、图像分割、图像增强及图像压缩等领域有较为广泛的应用。

5.1.1 图像梯度

图像梯度指的是图像灰度变换的速度,其本质是求导。由于图像的边缘通常出现在像素灰度变换显著的地方,因此图像梯度常被用于探查图像中物体的边缘。灰度变化大的边缘区域,梯度值也较大,而灰度变化小的非边缘区域,梯度值也较小。

图像梯度具有方向性,与边缘是垂直的关系。常见的梯度方向有水平、垂直、对角线等。水平方向的梯度能够体现图像左右边缘的信息,垂直方向的梯度能够体现图像上下边缘的信息,而对角线上的梯度根据方向的不同可以体现右上、左上、右下、左下4 个方向的边缘信息。

用于计算图像梯度的算子称为梯度算子,梯度算子的本质是卷积核。将输入图像与梯度算子进行卷积运算,即可得到体现不同方向边缘信息的输出结果。常见的梯度算子有 Sobel 算子、Scharr 算子、Laplacian 算子等。

1. 使用 Sobel 算子进行边缘检测

Sobel 算子又称索贝尔算子,用于获得数字图像的一阶梯度,它是计算机视觉领域中常用的一种边缘检测方法。

Sobel 算子结合了高斯平滑和微分运算,它不但能产生较好的边缘检测效果,而且对噪声具有平滑抑制作用。但是它得到的边缘较粗糙,并且可能出现伪边缘的现象。3×3 的Sobel 算子如图 5-1 所示。

−1	0	1
−2	0	2
−1	0	1

(a)x 轴算子

−1	−2	−1
0	0	0
1	2	1

(b)y 轴算子

图 5-1 3×3 的 Sobel 算子

假设有一幅大小为 3×3 的图像，如图 5-2 所示。

P1	P2	P3
P4	P5	P6
P7	P8	P9

图 5-2　3×3 大小的图像

使用 3×3 的 Sobel 算子对 P5 进行计算，其结果为

$P5_x = (-1) \times P1 + 0 \times P2 + 1 \times P3 + (-2) \times P4 + 0 \times P5 + 2 \times P6 + (-1) \times P7 + 0 \times P8 + 1 \times P9$

$P5_y = (-1) \times P1 + (-2) \times P2 + (-1) \times P3 + 0 \times P4 + 0 \times P5 + 0 \times P6 + 1 \times P7 + 2 \times P8 + 1 \times P9$

因此，P5 的 Sobel 算子计算结果为（$P5_x, P5_y$）。

OpenCV 提供的 cv2.Sobel()函数用于使用 Sobel 算子进行边缘检测，其格式如下。

```
dst=cv2.Sobel(src,ddepth,dx,dy[,ksize=3[,scale=1[,delta=0[,borderType=cv2.BORDER_DEFAULT]]]])
```

其中，dst 表示输出图像，即边缘检测后的图像；src 表示输入图像，即原图像；ddepth 表示输出图像的深度，其常见的选项有 cv2.CV_8U（8 位无符号整数）、cv2.CV_16U（16 位无符号整数）、cv2.CV_16S（16 位有符号整数）、cv2.CV_32F（32 位浮点数）、cv2.CV_64F（64 位浮点数）和-1（输出图像与输入图像具有相同的深度），通常设置为 cv2.CV_64F；dx 表示 x 轴（水平方向）的求导阶数，其取值可为 0、1 或 2；dy 表示 y 轴（垂直方向）的求导阶数，其取值可为 0、1 或 2；ksize 表示 Sobel 算子的大小，须为-1、1、3、5 或 7，默认为 3，当该值为-1 时，则会使用 Scharr 算子进行运算；scale 表示计算导数时的缩放因子，为可选参数，默认为 1，即不进行缩放；delta 表示添加到边缘检测结果图像 dst 中的可选增量，为可选参数，默认为 0；borderType 表示边界样式，为可选参数，默认为 cv2.BORDER_DEFAULT。

在实际计算过程中，当梯度值为负数时，所有负数会自动截断为 0，造成图像损失。为了避免图像损失，可以使用 cv2.convertScaleAbs()函数将结果取绝对值，其格式如下。

```
dst=cv2.convertScaleAbs(src[,alpha=1[,beta=0]])
```

其中，dst 表示输出图像，即结果图像；src 表示输入图像，即原图像；alpha 表示调节系数，为可选参数，默认为 1，即不进行调节；beta 表示调节偏移量，为可选参数，默认为 0，即不进行调节。

【例 5-1】　编写程序，对图像"sobel.png"（见本书配套素材"例题图像/sobel.png"）使用 Sobel 算子分别在 x 轴和 y 轴两个方向进行边缘检测，并显示原图像和边缘检测后的图像。

【参考代码】

```
import cv2                              #导入 OpenCV 库
```

```
image=cv2.imread('sobel.png',cv2.IMREAD_GRAYSCALE)   #读取灰度图像
#使用Sobel算子在x轴方向计算图像梯度
Sobelx=cv2.Sobel(image,cv2.CV_64F,1,0)
#使用Sobel算子在y轴方向计算图像梯度
Sobely=cv2.Sobel(image,cv2.CV_64F,0,1)
grad_x=cv2.convertScaleAbs(Sobelx)           #对结果求绝对值
grad_y=cv2.convertScaleAbs(Sobely)
Sobelxy=cv2.addWeighted(grad_x,0.5,grad_y,0.5,0)     #加权求和运算
cv2.imshow("Input",image)                 #显示原图像
cv2.imshow("Sobel_x",Sobelx)              #显示x轴方向计算图像梯度后的图像
cv2.imshow("ScaleAbs_x",grad_x)           #显示求绝对值后的图像
cv2.imshow("Sobel_y",Sobely)              #显示y轴方向计算图像梯度后的图像
cv2.imshow("ScaleAbs_y",grad_y)           #显示求绝对值后的图像
cv2.imshow("Sobel",Sobelxy)               #显示加权求和运算后的图像
cv2.waitKey()                             #窗口等待，按任意键继续
cv2.destroyAllWindows()                   #释放所有窗口
```

【运行结果】 程序运行结果如图5-3所示。

 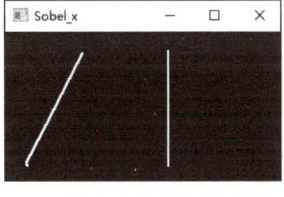 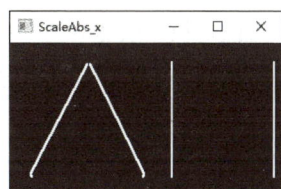

（a）原图像　　　　（b）x轴方向计算图像梯度　　（c）对x轴方向图像梯度结果求绝对值

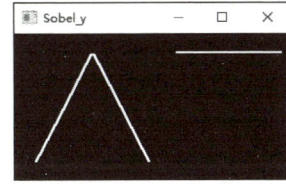 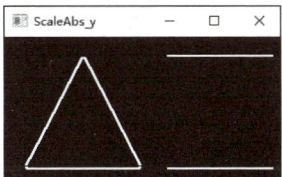 

（d）y轴方向计算图像梯度　（e）对y轴方向图像梯度结果求绝对值　（f）加权求和运算后的图像

图5-3　例5-1程序运行结果

2. 使用Scharr算子进行边缘检测

Scharr算子是Sobel算子的改进版本，该算子具有和Sobel算子同样的速度，且精度更高。当卷积核的尺寸较大时，Scharr算子的边缘检测效果更好。3×3的Scharr算子如图5-4所示。

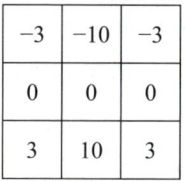

（a）x 轴算子　　　　　（b）y 轴算子

图 5-4　3×3 的 Scharr 算子

OpenCV 提供的 cv2.Scharr()函数用于使用 Scharr 算子进行边缘检测，其格式如下。

```
dst=cv2.Scharr(src,ddepth,dx,dy[,scale=1[,delta=0[,borderType=cv2.BORDER_DEFAULT]]])
```

其中，cv2.Scharr()函数使用的算子大小为 3×3，无需指定 Scharr 算子的大小，该函数其余参数与 cv2.Sobel()函数中的参数一致，此处不再赘述。

> **高手点拨**
>
> 在 cv2.Scharr()函数中，要求参数 dx 和 dy 满足条件 dx>=0 && dy>=0 && dx+dy==1。

【例 5-2】　编写程序，对图像"animal.png"（见本书配套素材"例题图像/animal.png"）分别使用 Sobel 算子和 Scharr 算子进行边缘检测，并显示原图像和边缘检测后的图像。

【参考代码】

```python
import cv2                                    #导入 OpenCV 库
image=cv2.imread('animal.png')                #读取原图像
#使用 Sobel 算子在 x 轴方向计算图像梯度
Sobelx=cv2.Sobel(image,cv2.CV_64F,1,0)
#使用 Sobel 算子在 y 轴方向计算图像梯度
Sobely=cv2.Sobel(image,cv2.CV_64F,0,1)
grad_x=cv2.convertScaleAbs(Sobelx)            #求在 x 轴方向绝对值运算
grad_y=cv2.convertScaleAbs(Sobely)            #求在 y 轴方向绝对值运算
Sobelxy=cv2.addWeighted(grad_x,0.5,grad_y,0.5,0)   #加权求和运算
#使用 Scharr 算子在 x 轴方向计算图像梯度
Scharrx=cv2.Scharr(image,cv2.CV_64F,1,0)
#使用 Scharr 算子在 y 轴方向计算图像梯度
Scharry=cv2.Scharr(image,cv2.CV_64F,0,1)
gradx=cv2.convertScaleAbs(Scharrx)            #求在 x 轴方向绝对值运算
grady=cv2.convertScaleAbs(Scharry)            #求在 y 轴方向绝对值运算
Scharrxy=cv2.addWeighted(gradx,0.5,grady,0.5,0)    #加权求和运算
cv2.imshow("Input",image)                     #显示原图像
```

```
cv2.imshow("Sobel",Sobelxy)      #显示使用 Sobel 算子边缘检测后的图像
cv2.imshow("Scharr",Scharrxy)    #显示使用 Scharr 算子边缘检测后的图像
cv2.waitKey()                    #窗口等待,按任意键继续
cv2.destroyAllWindows()          #释放所有窗口
```

【运行结果】 程序运行结果如图 5-5 所示。从结果中可以看出,Scharr 算子检测出的边缘细节更多。

 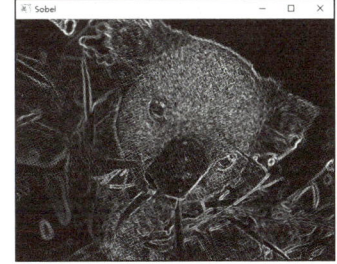 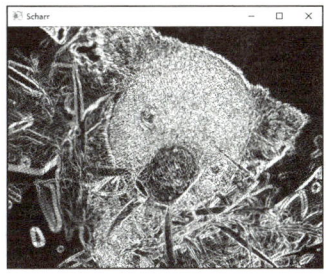

（a）原图像　　　　　（b）使用 Sobel 算子进行边缘检测　（c）使用 Scharr 算子进行边缘检测

图 5-5　例 5-2 程序运行结果

3. 使用 Laplacian 算子进行边缘检测

Laplacian 算子又称拉普拉斯算子,是一种二阶导数算子,其具有旋转不变性,可以满足不同方向的图像边缘锐化的要求。在通常情况下,其算子的系数之和要求为 0。例如,两个不同的 3×3 的 Laplacian 算子如图 5-6 所示。

0	1	0
1	−4	1
0	1	0

−1	−1	−1
−1	8	−1
−1	−1	−1

图 5-6　3×3 的 Laplacian 算子

OpenCV 提供的 cv2.Laplacian()函数用于使用 Laplacian 算子进行边缘检测,其格式如下。

```
dst=cv2.Laplacian(src,ddepth[,ksize=3[,scale=1[,delta=0[,borderType=cv2.BORDER_DEFAULT]]]])
```

其中,cv2.Laplacian()函数不需要指定方向,没有参数 dx 和 dy。该函数其余参数与 cv2.Sobel()函数中的参数一致,此处不再赘述。

指点迷津

Laplacian 算子计算结果的值可能为正数,也可能为负数。所以,需要对计算结果取绝对值。

【例 5-3】 编写程序，对图像"blossom.png"（见本书配套素材"例题图像/blossom.png"）使用 Laplacian 算子进行边缘检测，并显示原图像和边缘检测后的图像。

【参考代码】

```
import cv2                                     #导入OpenCV库
image=cv2.imread('blossom.png')                #读取原图像
#使用Laplacian算子进行边缘检测
Laplacian=cv2.Laplacian(image,cv2.CV_64F)
LaplaAbs=cv2.convertScaleAbs(Laplacian)        #求绝对值运算
cv2.imshow("Input",image)                      #显示原图像
cv2.imshow("Laplacian",LaplaAbs)               #显示边缘检测后的图像
cv2.waitKey()                                  #窗口等待，按任意键继续
cv2.destroyAllWindows()                        #释放所有窗口
```

【运行结果】 程序运行结果如图 5-7 所示。

（a）原图像　　　　　　　　　　（b）使用 Laplacian 算子进行边缘检测

图 5-7　例 5-3 程序运行结果

> **高手点拨**
>
> Scharr 算子的精确度通常比 Sobel 算子更好一些；Sobel 算子和 Scharr 算子只能用于单方向的图像梯度计算，要计算多方向的图像梯度就需要单独计算单方向的图像梯度再合并，而 Laplacian 算子则不需要。

5.1.2　Canny 边缘检测

Sobel 边缘检测、Scharr 边缘检测和 Laplacian 边缘检测都是通过卷积运算来计算图像边缘的，它们的算法比较简单，因此结果可能会损失过多的图像边缘信息或有很多的噪声。Canny 边缘检测算法更加复杂，它是一种使用多级边缘检测算法检测边缘的方法，目前广泛应用于各种计算机视觉系统。Canny 边缘检测算法的主要步骤如下。

（1）使用高斯滤波去除图像噪声。

（2）计算图像中每个像素的梯度幅度和方向。通常使用 Sobel 算子或 Scharr 算子来实现。

（3）对图像梯度的幅度进行非极大值抑制。即沿着梯度方向检查每个像素，如果该像素的梯度不是局部最大值，则将其抑制（设置为 0）。这样，只有局部最大值被保留下来，这些局部最大值表示潜在的边缘。

（4）采用高低两个阈值并借助滞后阈值方法确定最终边缘。

高手点拨

滞后阈值方法用于确定哪些像素是真正的边缘，它通过设置高阈值和低阈值来检测和确定边缘。若像素梯度大于高阈值时，则当前像素一定是边缘；若像素梯度小于低阈值时，则当前像素一定不是边缘；若当前像素介于高阈值和低阈值之间时，则判断当前像素是否连接到确定的边缘像素，如果有连接到边缘像素，则确定其是边缘，否则确定其不是边缘。

Canny 边缘检测算法融合了高精度和低错误率的特点，是一种有效的边缘检测算法。通过调整阈值，用户可以根据具体的应用需求来优化边缘检测的效果。由于其在实际应用中的鲁棒性和效率，Canny 边缘检测广泛地应用在目标检测、图像分割和特征提取等领域。

高手点拨

鲁棒性指的是算法或模型在不同条件下保持良好性能的能力，即在面对各种变化和干扰（如光照变化、阴影、噪声、不同天气条件等）时，依然能够准确地完成任务。

OpenCV 提供的 cv2.Canny()函数用于实现 Canny 边缘检测，其格式如下。

dst=cv2.Canny(image,threshold1,threshold2[,apertureSize=3[,L2gradient=False]])

其中，dst 表示输出图像，即边缘检测后的图像；image 表示输入图像，即原图像；threshold1 表示低阈值；threshold2 表示高阈值；apertureSize 表示计算图像梯度时使用的 Sobel 算子的大小，为可选参数，默认为 3；L2gradient 表示是否使用 L2 范数来计算图像梯度的幅度，为可选参数，默认为 False。

【例 5-4】 编写程序，对图像"blossom.png"（见本书配套素材"例题图像/blossom.png"）进行 Canny 边缘检测，并显示原图像和边缘检测后的图像。

【参考代码】

```
import cv2                              #导入 OpenCV 库
image=cv2.imread('blossom.png')         #读取原图像
#低阈值为 10、高阈值为 50 的 Canny 边缘检测
Canny1=cv2.Canny(image,10,50)
```

```
#低阈值为 100、高阈值为 200 的 Canny 边缘检测
Canny2=cv2.Canny(image,100,200)
#低阈值为 400、高阈值为 600 的 Canny 边缘检测
Canny3=cv2.Canny(image,400,600)
cv2.imshow("Input",image)              #显示原图像
cv2.imshow("Canny1",Canny1)            #显示 Canny 边缘检测后的图像
cv2.imshow("Canny2",Canny2)
cv2.imshow("Canny3",Canny3)
cv2.waitKey()                          #窗口等待，按任意键继续
cv2.destroyAllWindows()                #释放所有窗口
```

【运行结果】 程序运行结果如图 5-8 所示。从结果中可以看出，阈值越小，检测出的边缘信息越多；阈值越大，检测出的边缘信息越少。当阈值很高时，只能检测出一些较明显的边缘。

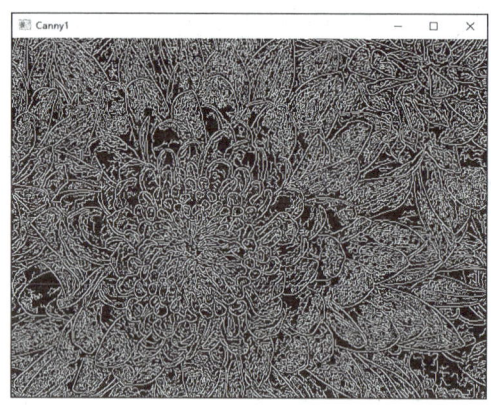

（a）原图像　　　　　　　　　　（b）低阈值为 10、高阈值为 50 的 Canny 边缘检测

（c）低阈值为 100、高阈值为 200 的 Canny 边缘检测　　（d）低阈值为 400、高阈值为 600 的 Canny 边缘检测

图 5-8　例 5-4 程序运行结果

项目 5　形状识别

素养之窗

华为携手清华大学，共同研发出了一项名为 PMG（personalized multimodal generation）的个性化生成技术。PMG 技术能够深度分析用户的观影记录和对话历史，借助大语言模型的强大推理能力，精准提取用户偏好。这一过程包括显式的关键词提取和隐式的用户偏好向量生成，通过使用生成器巧妙整合用户偏好与目标项关键词，能够生成既彰显用户个性、又契合目标物品的多模态内容。

经过实验验证，PMG 技术展现出了巨大的潜力和商业价值，为用户带来了前所未有的丰富的、个性化的体验，如生动有趣的表情包、独具特色的 T 恤设计图、引人注目的电影海报等。

5.2　图像轮廓

图像轮廓是指图像中目标对象（如物体、区域等）的外部边界或形状。它通常表现为一系列连续的、封闭的像素集合，这些像素共同构成了目标对象与背景或其他对象之间的分界线。相对于边缘，轮廓是连续的，而边缘并不是全部连续的。

图像轮廓是图像中较重要的特征信息，它在图像分割、目标检测、形状分析等多个领域都有广泛的应用。

5.2.1　轮廓的查找与绘制

1. 查找轮廓

OpenCV 提供的 cv2.findContours() 函数用于查找图像的轮廓，其格式如下。

```
contours,hierarchy=cv2.findContours(image,mode,method)
```

其中，contours 表示查找到的轮廓，为列表形式；hierarchy 表示轮廓间的层次关系；image 表示输入图像，通常为二值图像；mode 表示轮廓查找模式，如表 5-1 所示；method 表示轮廓的近似方法，常用的方法有 cv2.CHAIN_APPROX_SIMPLE（压缩水平的、垂直的和斜的部分，只存储顶点信息）和 cv2.CHAIN_APPROX_NONE（存储轮廓的所有信息）。

表 5-1　轮廓查找模式

模式参数	含　义
cv2.RETR_EXTERNAL	只查找最外层的轮廓
cv2.RETR_LIST	查找所有的轮廓，但不建立层次关系
cv2.RETR_CCOMP	查找所有的轮廓，并建立两个层次的关系（最外层和最内层）
cv2.RETR_TREE	查找所有的轮廓，并建立完整的层次关系

2. 绘制轮廓

OpenCV 提供的 cv2.drawContours()函数用于在图像上绘制轮廓，该函数可以在输入图像上绘制一个或多个轮廓，通常用于可视化 cv2.findContours()函数查找到的轮廓，其格式如下。

```
dst=cv2.drawContours(image,contours,contourIdx,color[,
thickness=1[,lineType=cv2.LINE_8[,hierarchy=None[,maxLevel=0]]]])
```

其中，dst 表示输出图像，即绘制轮廓后输出的图像；image 表示输入图像，即要在其上绘制轮廓的图像，注意会改变原图像；contours 表示需要绘制的轮廓，为列表形式，通常它为 cv2.findContours()函数的第一个返回值；contourIdx 表示要绘制轮廓的索引，即绘制第几个轮廓，若其值为-1，则绘制所有的轮廓；color 表示轮廓的颜色；thickness 表示轮廓线条的宽度，为可选参数，默认为 1；lineType 表示轮廓线条的类型，为可选参数，默认为 cv2.LINE_8；hierarchy 表示轮廓间的层次关系，通常它为 cv2.findContours()函数的第二个返回值，为可选参数，默认为 None；maxLevel 表示绘制轮廓层次关系的最大层次，为可选参数，默认为 0。

【例 5-5】 编写程序，使用 OpenCV 对图像"sobel.png"（见本书配套素材"例题图像/sobel.png"）进行轮廓的查找与绘制，并显示原图像和绘制轮廓后的图像。

【参考代码】

```
import cv2                                              #导入 OpenCV 库
image=cv2.imread('sobel.png',cv2.COLOR_BGR2GRAY)        #读取原图像
cv2.imshow("Input",image)                               #显示原图像
image=cv2.GaussianBlur(image,(5,5),0)                   #使用高斯滤波进行降噪
edges=cv2.Canny(image,50,150)                           #进行 Canny 边缘检测
contours,hierarchy=cv2.findContours(edges,cv2.RETR_EXTERNAL,
cv2.CHAIN_APPROX_SIMPLE)                                #查找轮廓
#绘制轮廓
image1=cv2.drawContours(image,contours,-1,(255,255,0),5)
cv2.imshow("Contours",image1)                           #显示绘制轮廓后的图像
cv2.waitKey()                                           #窗口等待，按任意键继续
cv2.destroyAllWindows()                                 #释放所有窗口
```

【运行结果】 程序运行结果如图 5-9 所示。

　　（a）原图像　　　　　　　　（b）绘制轮廓后的图像

图 5-9　例 5-5 程序运行结果

5.2.2 轮廓的长度与面积

1. 轮廓的长度

OpenCV 提供的 cv2.arcLength() 函数用于计算图像轮廓的长度，其格式如下。

```
length=cv2.arcLength(curve,closed)
```

其中，length 表示轮廓的周长或曲线的长度，为浮点类型；curve 表示输入的轮廓，可以为轮廓点的 Python 列表或 NumPy 数组；closed 表示轮廓是否是闭合的，若轮廓是闭合的，则将其设置为 True，否则将其设置为 False。

2. 轮廓的面积

OpenCV 提供的 cv2.contourArea() 函数用于计算图像轮廓的面积，其格式如下。

```
area=cv2.contourArea(contour)
```

其中，area 表示轮廓内包含的面积，为浮点类型；contour 表示输入的轮廓，可以为轮廓点的 Python 列表或 NumPy 数组。

【例 5-6】　编写程序，使用 OpenCV 对图像"sobel.png"（见本书配套素材"例题图像/sobel.png"）进行轮廓的查找，并计算和显示轮廓的周长和面积。

【参考代码】

```
import cv2                                          #导入 OpenCV 库
image=cv2.imread('sobel.png',cv2.COLOR_BGR2GRAY)    #读取原图像
image=cv2.GaussianBlur(image,(5,5),0)               #使用高斯滤波进行降噪
edges=cv2.Canny(image,50,150)                       #进行 Canny 边缘检测
contours,hierarchy=cv2.findContours(edges,cv2.RETR_EXTERNAL,
cv2.CHAIN_APPROX_SIMPLE)                            #查找轮廓
n=len(contours)
for i in range(n):                                  #遍历所有轮廓
    length=cv2.arcLength(contours[i],True)          #计算轮廓的周长
    area=cv2.contourArea(contours[i])               #计算轮廓的面积
    print("轮廓"+str(i)+"的周长: "+str(length))      #显示轮廓的周长
    print("轮廓"+str(i)+"的面积: "+str(area))        #显示轮廓的面积
```

【运行结果】 程序运行结果如图 5-10 所示。

```
轮廓0的周长：382.97770273685455
轮廓0的面积：6673.5
轮廓1的周长：433.65685415267944
轮廓1的面积：11861.0
```

图 5-10 例 5-6 程序运行结果

5.2.3 轮廓的拟合

轮廓的拟合是指使用某种数学模型来近似表示轮廓。这个过程可以用来简化复杂的轮廓，使其更容易进行进一步的分析和处理。在 OpenCV 中，拟合的数学模型可以是矩形、圆形、多边形等。

1. 轮廓的矩形包围框

OpenCV 提供的 cv2.boundingRect()函数用于计算图像轮廓的矩形包围框，其格式如下。

x,y,w,h=cv2.boundingRect(contour)

其中，x 表示矩形的左上角顶点的 *x* 轴坐标；y 表示矩形的左上角顶点的 *y* 轴坐标；w 表示矩形的宽度；h 表示矩形的高度；contour 表示输入的轮廓。

> **高手点拨**
>
> OpenCV 还提供了 cv2.minAreaRect()函数用于计算图像中轮廓的最小矩形包围框，该矩形包围框是可以旋转的，因此它的面积是最小的。

2. 轮廓的最小外接圆

OpenCV 提供的 cv2.minEnclosingCircle()函数用于计算图像轮廓的最小外接圆，其格式如下。

(x,y),radius=cv2.minEnclosingCircle(contour)

其中，(x,y)表示最小外接圆的圆心坐标；radius 表示最小外接圆的半径；contour 表示输入的轮廓。

【例 5-7】 编写程序，使用 OpenCV 对图像"shape.png"（见本书配套素材"例题图像/shape.png"）进行轮廓的查找，分别为轮廓绘制矩形包围框和最小外接圆，并显示原图像、绘制矩形包围框后的图像和绘制最小外接圆后的图像。

【参考代码】

```
import cv2                          #导入OpenCV库
image=cv2.imread("shape.png")       #读取原图像
image1=image.copy()                 #复制原图像
cv2.imshow("Input",image)           #显示原图像
```

项目 5　形状识别

```
#将图像的色彩空间从 BGR 转换为 GRAY
imgGray=cv2.cvtColor(image,cv2.COLOR_RGB2GRAY)
imgCanny=cv2.Canny(imgGray,70,200)          #Canny 边缘检测
contours,hierarchy=cv2.findContours(imgCanny,cv2.RETR_EXTERNAL,
cv2.CHAIN_APPROX_NONE)                      #查找轮廓
x,y,w,h=cv2.boundingRect(contours[0])       #计算轮廓的矩形包围框
cv2.rectangle(image,(x,y),(x+w,y+h),(0,0,255),3)   #绘制矩形框
cv2.imshow('BoundingRect',image)            #显示绘制矩形包围框后的图像
#计算轮廓的最小外接圆
(x,y),radius=cv2.minEnclosingCircle(contours[0])
center=(int(x),int(y))
radius=int(radius)
cv2.circle(image1,center,radius,(0,0,255),3)   #绘制最小外接圆
cv2.imshow('MinEnclosingCircle',image1)#显示绘制最小外接圆后的图像
cv2.waitKey()                               #窗口等待，按任意键继续
cv2.destroyAllWindows()                     #释放所有窗口
```

【运行结果】　程序运行结果如图 5-11 所示。

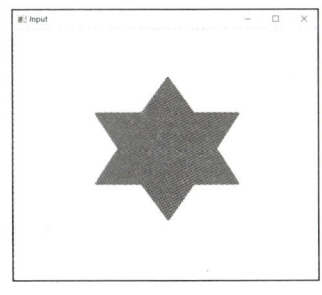
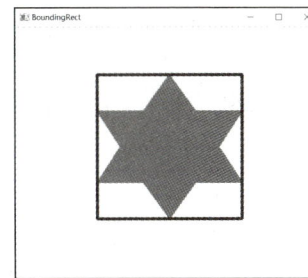
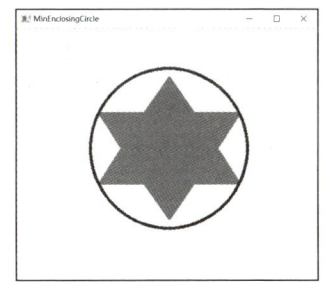

（a）原图像　　　（b）绘制矩形包围框后的图像　　（c）绘制最小外接圆后的图像

图 5-11　例 5-7 程序运行结果

3. 轮廓的近似多边形

OpenCV 提供的 cv2.approxPolyDP()函数用于获得图像轮廓的近似多边形。该函数通过迭代删除距离原始轮廓足够近的点来对轮廓进行简化，同时能够保持轮廓的形状，其格式如下。

```
approx=cv2.approxPolyDP(contour,epsilon,closed)
```

其中，approx 表示近似多边形的点集；contour 表示输入的轮廓；epsilon 表示逼近的精度，即原始轮廓与其近似多边形之间的最大距离；closed 表示轮廓是否是闭合的，若其值为 True，则函数会认为轮廓是闭合的，并且会近似为一个闭合的多边形。

【例 5-8】　编写程序，使用 OpenCV 对图像"shape.png"（见本书配套素材"例题

图像/shape.png")进行轮廓的查找,分别为轮廓绘制逼近精度为"0.01×轮廓周长"和"0.05×轮廓周长"的近似多边形,并显示原图像、绘制近似多边形后的图像。

【参考代码】

```
import cv2                                    #导入OpenCV库
image=cv2.imread("shape.png")                 #读取原图像
image1=image.copy()                           #复制原图像
cv2.imshow("Input",image)                     #显示原图像
#将图像的色彩空间从BGR转换为GRAY
imgGray=cv2.cvtColor(image,cv2.COLOR_RGB2GRAY)
imgCanny=cv2.Canny(imgGray,70,200)   #Canny边缘检测
contours,hierarchy=cv2.findContours(imgCanny,cv2.RETR_EXTERNAL,
cv2.CHAIN_APPROX_NONE)                        #查找轮廓
epsilon1=0.01*cv2.arcLength(contours[0],True)  #计算逼近精度
#获取图像轮廓的近似多边形,逼近精度为"0.01×轮廓周长"
approxCurve1=cv2.approxPolyDP(contours[0],epsilon1,True)
#绘制近似多边形
image=cv2.drawContours(image,[approxCurve1],-1,(0,255,0),3)
cv2.imshow('Polygon1',image)                  #显示绘制近似多边形后的图像
epsilon2=0.05*cv2.arcLength(contours[0],True)  #计算逼近精度
#获取轮廓的近似多边形,逼近精度为"0.05×轮廓周长"
approxCurve2=cv2.approxPolyDP(contours[0],epsilon2,True)
#绘制近似多边形
image1=cv2.drawContours(image1,[approxCurve2],-1,(0,255,0),3)
cv2.imshow('Polygon2',image1)                 #显示绘制近似多边形后的图像
cv2.waitKey()                                 #窗口等待,按任意键继续
cv2.destroyAllWindows()                       #释放所有窗口
```

【运行结果】 程序运行结果如图5-12所示。

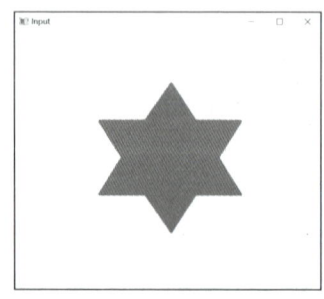
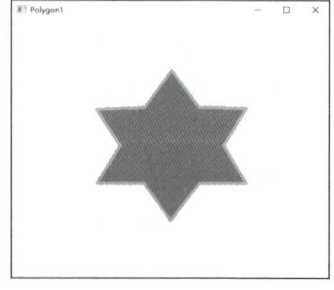
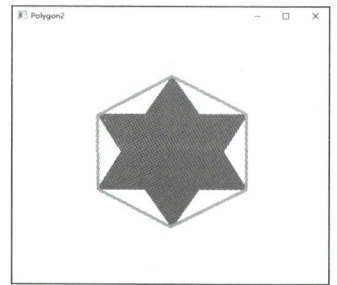

(a)原图像　　　　(b)逼近精度为0.01×轮廓周长　　(c)逼近精度为0.05×轮廓周长

图5-12 例5-8程序运行结果

5.3 霍夫变换

霍夫变换是一种用于检测图像中特定几何形状（如直线、圆等）的方法。它通过将图像空间中的形状映射到参数空间（霍夫空间）来实现检测。在霍夫变换中，图像空间中的每个点被映射到参数空间中的一系列曲线或曲面上，这些曲线或曲面对应于通过该点的所有可能形状。在参数空间中，曲线或曲面的交点表示图像空间中的共线点或共圆点。通过累加和寻找参数空间中的峰值，可以检测出图像中的形状。这种方法对形状的变化和图像中的噪声具有鲁棒性，能够有效地检测出图像中的几何形状。

5.3.1 霍夫直线变换

OpenCV 提供的 cv2.HoughLines()函数用于使用霍夫变换算法来检测图像中的直线，其格式如下。

```
lines=cv2.HoughLines(src,rho,theta,threshold)
```

其中，lines 表示输出向量，即检测到的直线列表，每条直线都以(rho,theta)的形式表示，rho 为直线到原点的距离（以像素为单位），theta 为直线法线与 x 轴的夹角（以弧度为单位）；src 表示输入图像（8 位单通道的二值图像）；rho 表示以像素为单位的距离精度，通常为 1；theta 表示以弧度为单位的角度精度，通常为 π/180；threshold 表示累加器阈值参数，高于阈值 threshold 的直线才会被检测通过并返回到结果中。

【例 5-9】 编写程序，使用 OpenCV 的 cv2.HoughLines()函数对图像"weiqi.png"（见本书配套素材"例题图像/weiqi.png"）进行霍夫变换，检测图像中的直线，并显示原图像和霍夫直线变换后的图像。

【参考代码】

```
import cv2                                          #导入 OpenCV 库
import numpy as np                                  #导入 NumPy 库
image=cv2.imread('weiqi.png')                       #读取原图像
cv2.imshow("Input",image)                           #显示原图像
img_copy=image.copy()                               #复制原图像
blur_copy=cv2.medianBlur(img_copy,5)                #使用中值滤波进行降噪
gray=cv2.cvtColor(blur_copy,cv2.COLOR_BGR2GRAY)
binary=cv2.Canny(gray,50,150)                       #Canny 边缘检测
#使用霍夫变换检测直线
lines=cv2.HoughLines(binary,1,np.pi/180,150)
for line in lines:                                  #遍历所有直线
```

```
        rho,theta=line[0]
        a=np.cos(theta)
        b=np.sin(theta)
        x0,y0=a*rho,b*rho
        pt1=(int(x0+1000*(-b)),int(y0+1000*a))     #计算线段端点
        pt2=(int(x0-1000*(-b)),int(y0-1000*a))     #计算线段端点
        cv2.line(image,pt1,pt2,(0,0,255),2)        #在原图像上绘制直线
cv2.imshow("HoughLines",image)                     #显示霍夫变换后的图像
cv2.waitKey()                                      #窗口等待，按任意键继续
cv2.destroyAllWindows()                            #释放所有窗口
```

【运行结果】 程序运行结果如图 5-13 所示。

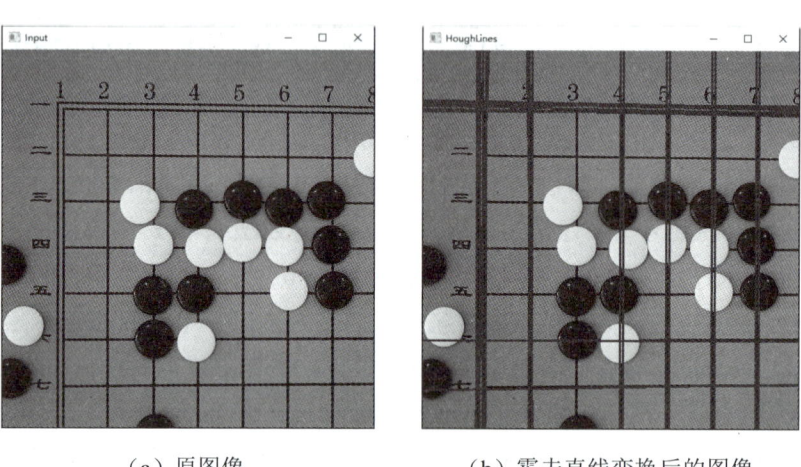

（a）原图像　　　　　　　　（b）霍夫直线变换后的图像

图 5-13　例 5-9 程序运行结果

高手点拨

OpenCV 提供的 cv2.HoughLinesP() 函数也可以进行霍夫直线变换，该函数没有考虑所有点，只分析一个足以进行直线检测的随机点的子集，并计算这些点都属于一条直线的概率，它是 cv2.HoughLines() 函数的优化版本。cv2.HoughLinesP() 函数计算成本低，执行速度更快，但准确度有一定程度的下降。

5.3.2　霍夫圆变换

霍夫变换除了可以用来检测图像中的直线外，还可以用来检测图像中的圆，与使用霍夫直线变换检测直线原理类似。

OpenCV 提供的 cv2.HoughCircles() 函数可用于使用霍夫变换算法来检测图像中的圆。该函数在变换过程中进行两轮检测，第一轮检测出圆的圆心坐标，第二轮检测出这

些圆心坐标可能对应的半径长度，其格式如下。

```
circles=cv2.HoughCircles(src,method,dp,minDist[,param1=100[,
param2=100[,minRadius=0[,maxRadius=0]]]])
```

其中，circles 表示输出向量，即检测到的圆的列表，每个圆以(x,y,radius)的形式表示，(x,y)为圆心的坐标，radius 为圆的半径；src 表示输入图像，为灰度图像；method 表示检测方法，OpenCV 中常用的方法为 HOUGH_GRADIENT（霍夫梯度法）；dp 表示检测到的圆的分辨率与图像分辨率之间的比例，若 dp 为 1，则检测到的圆的分辨率与输入图像相同，若 dp 为 2，则检测到的圆的分辨率降低为输入图像的一半；minDist 表示圆心间的最小距离；param1 表示 Canny 边缘检测使用的高阈值（低阈值为高阈值的一半），为可选参数，默认为 100；param2 表示检测圆的累加器阈值，为可选参数，默认为 100；minRadius 表示圆的最小半径，即半径小于该值的圆不会被检测出来，为可选参数，默认为 0，此时不起作用；maxRadius 表示圆的最大半径，即半径大于该值的圆不会被检测出来，为可选参数，默认为 0，此时不起作用。

【例 5-10】 编写程序，使用 OpenCV 的 cv2.HoughCircles()函数对图像"weiqi.png"（见本书配套素材"例题图像/weiqi.png"）进行霍夫变换，检测图像中的圆，并显示原图像和霍夫圆变换后的图像。

【参考代码】

```
import cv2                                          #导入 OpenCV 库
import numpy as np                                  #导入 NumPy 库
image=cv2.imread('weiqi.png')                       #读取原图像
cv2.imshow("Input",image)                           #显示原图像
img_copy=image.copy()                               #复制原图像
blur_copy=cv2.medianBlur(img_copy,5)                #使用中值滤波进行降噪
gray=cv2.cvtColor(blur_copy,cv2.COLOR_BGR2GRAY)
#使用霍夫变换检测圆
circles=cv2.HoughCircles(gray,cv2.HOUGH_GRADIENT,1,70,param1=100,param2=25,minRadius=10,maxRadius=50)
circles=np.uint(np.around(circles))                 #将数组元素四舍五入为整数
for c in circles[0]:                                #遍历每个圆
    x,y,r=c                                         #圆心横坐标、纵坐标和圆半径
    cv2.circle(image,(x,y),r,(255,0,0),3)           #绘制圆
    cv2.circle(image,(x,y),2,(0,0,255),3)           #绘制圆心
cv2.imshow("HoughCircles",image)                    #显示霍夫变换后的图像
cv2.waitKey()                                       #窗口等待，按任意键继续
cv2.destroyAllWindows()                             #释放所有窗口
```

【运行结果】 程序运行结果如图 5-14 所示。

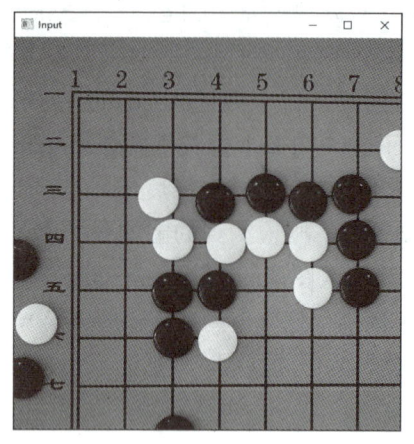
（a）原图像

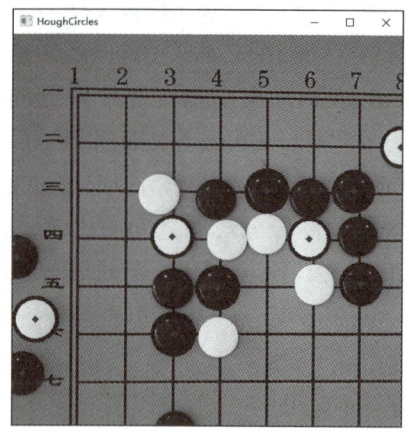
（b）霍夫圆变换后的图像

图 5-14　例 5-10 程序运行结果

项目实施——交通标志形状识别与分类

1. 图像预处理

步骤 1　导入本项目所需的模块与包。

步骤 2　定义原图像文件存放位置变量 img_path，然后读取原图像文件，并显示原图像。

步骤 3　将原图像复制到 imgContour 文件中。

步骤 4　调用 cv2.cvtColor() 函数将原图像的色彩空间从 BGR 转换为 GRAY。

步骤 5　进行高斯滤波，滤波模板大小为 5×5，滤波模板在水平方向的标准差为 1，并显示滤波后的图像。

交通标志形状识别与分类

指点迷津

开始编写程序前，须将本书配套素材"Resources/traffic.png"文件复制到当前工作目录的"Resources/"文件夹（若该文件夹不存在，须新建）中，也可将其放于其他盘，如果放于其他盘，读取数据文件时要指定相应路径。

【参考代码】

```
import cv2                              #导入OpenCV库
import numpy as np                      #导入NumPy库
img_path='Resources/traffic.png'
```

```
img=cv2.imread(img_path)                              #读取原图像
cv2.imshow("Input",img)                               #显示原图像
imgContour=img.copy()                                 #复制原图像
#将图像的色彩空间从BGR转换为GRAY
imgGray=cv2.cvtColor(img,cv2.COLOR_RGB2GRAY)
imgBlur=cv2.GaussianBlur(imgGray,(5,5),1)             #高斯滤波
cv2.imshow("Blur",imgBlur)                            #显示滤波后的图像
```

【运行结果】 原图像如图 5-15 所示，滤波后的图像如图 5-16 所示。

图 5-15 原图像

图 5-16 滤波后的图像

2. 轮廓查找与绘制

步骤 1 设置低阈值为 70、高阈值为 200，对高斯滤波后的图像进行 Canny 边缘检测，并显示边缘检测后的图像。

步骤 2 查找图像最外层的轮廓，并保存轮廓信息。

步骤 3 根据轮廓查找的结果，绘制轮廓，并显示绘制轮廓后的图像。

【参考代码】

```
imgCanny=cv2.Canny(imgBlur,70,200)                    #Canny 边缘检测
cv2.imshow("Canny",imgCanny)                          #显示边缘检测后的图像
contours,hierarchy=cv2.findContours(imgCanny,cv2.RETR_EXTERNAL,
cv2.CHAIN_APPROX_NONE)                                #查找轮廓
#绘制轮廓
imgContour=cv2.drawContours(imgContour,contours,-1,(0,255,255),2)
cv2.imshow("Contours",imgContour)                     #显示绘制轮廓后的图像
```

【运行结果】 边缘检测后的图像如图 5-17 所示，绘制轮廓后的图像如图 5-18 所示。

图 5-17 边缘检测后的图像

图 5-18 绘制轮廓后的图像

图 5-18 的彩色图像

3. 形状识别与分类

步骤 1 根据轮廓查找的结果，循环遍历每个轮廓，对每个轮廓进行形状识别与分类。① 调用 cv2.arcLength()函数计算轮廓的周长；② 调用 cv2.approxPolyDP()函数获得轮廓的近似多边形；③ 计算轮廓顶点的数量；④ 计算轮廓的矩形包围框，返回该矩形包围框的左上角顶点的坐标值及矩形的宽度和高度；⑤ 根据轮廓的顶点数量进行轮廓形状识别，若轮廓的顶点数量为 3，则轮廓的形状为三角形，交通标志为警示标志（即"WarningSign"），若轮廓的顶点数量为 4，则轮廓的形状为矩形，交通标志为指示标志（即"IndicativeSign"），若轮廓的顶点数量大于 4 且轮廓的圆形度大于 0.8，则轮廓的形状为圆形，交通标志为限速标志（即"SpeedLimit"）；⑥ 为轮廓绘制矩形框；⑦ 为轮廓添加交通标志类型文本。

指点迷津

圆形度是指一个图形与圆形的相似程度或接近程度。常用的基于面积和周长的计算圆形度公式如下。

$$c = \frac{4 \cdot \pi \cdot area}{perimeter^2}$$

其中，c 表示圆形度；area 表示图形的面积；perimeter 表示图形的周长。

步骤 2 显示添加文本后的图像。

步骤 3 窗口等待，按任意键继续，并释放所有窗口。

【参考代码】

```
for obj in contours:                                #遍历所有轮廓
    perimeter=cv2.arcLength(obj,True)               #计算轮廓周长
    #获取轮廓的近似多边形
    approx=cv2.approxPolyDP(obj,0.02*perimeter,True)
    CornerNum=len(approx)                           #计算轮廓顶点的数量
```

```
#获取矩形包围框的左上角顶点的坐标值,以及矩形包围框的宽度和高度
x,y,w,h=cv2.boundingRect(approx)
if CornerNum==3:                        #轮廓的形状识别
    objType="WarningSign"
elif CornerNum==4:
    objType="IndicativeSign"
elif CornerNum>4:
    area=cv2.contourArea(obj)           #计算轮廓内区域的面积
    circularity=4*np.pi*area/(perimeter**2) #计算轮廓的圆形度
    if circularity>0.8:
        objType="SpeedLimit"
#绘制矩形包围框
cv2.rectangle(imgContour,(x,y),(x+w,y+h),(0,0,255),1)
cv2.putText(imgContour,objType,(x,y+h+20),
cv2.FONT_HERSHEY_COMPLEX,0.6,(0,0,0),1)         #添加文本
cv2.imshow("Identification",imgContour) #显示添加文本后的图像
cv2.waitKey()                            #窗口等待,按任意键继续
cv2.destroyAllWindows()                  #释放所有窗口
```

【运行结果】 添加交通标志类型文本后的图像如图 5-19 所示。

图 5-19 的彩色图像

图 5-19 添加交通标志类型文本后的图像

项目实训

1. 实训目的

(1) 熟练使用 OpenCV 进行图像的边缘检测。

(2) 熟练使用 OpenCV 进行图像轮廓的查找与绘制。

（3）熟练使用 OpenCV 进行图像轮廓的分类。

2. 实训内容

图像"toy.png"（见本书配套素材"Train\toy.png"）中有正方形、长方形、三角形、圆形和多边形 5 种形状，根据轮廓特征及轮廓所包围对象的特征，对 5 种形状的轮廓进行分类，并将形状类型文本添加在图像中。

（1）数据准备。

① 导入本项目需要的库，包括 OpenCV 和 NumPy。

② 读取原图像文件，并显示原图像。

③ 将原图像复制到 imgContour 文件中。

④ 调用 cv2.cvtColor()函数将原图像的色彩空间从 BGR 转换为 GRAY。

⑤ 进行高斯滤波，滤波模板大小为 5×5，滤波模板在水平方向的标准差为 1，并显示滤波后的图像。

（2）轮廓查找与绘制。

① 设置低阈值为 70、高阈值为 200，对高斯滤波后的图像进行 Canny 边缘检测，并显示边缘检测后的图像。

② 查找图像最外层的轮廓，并保存轮廓信息。

③ 根据轮廓查找的结果，绘制轮廓，并显示绘制轮廓后的图像。

（3）形状识别与分类。

① 根据轮廓查找的结果，循环遍历每个轮廓，对每个轮廓进行形状识别与分类。首先调用 cv2.arcLength()函数计算轮廓的周长，调用 cv2.approxPolyDP()函数获得轮廓的近似多边形，并计算轮廓顶点的数量；然后计算轮廓的最小外接矩形，返回该矩形左上角顶点的坐标值及矩形的宽度和高度；接着根据轮廓的顶点数量进行轮廓形状识别，若轮廓的顶点数量为 3，则轮廓的形状为三角形（形状类型赋值为"triangle"），若轮廓的顶点数量为 4 且轮廓的最小外接矩形的宽度等于高度，则轮廓的形状为正方形（形状类型赋值为"Square"），否则轮廓的形状为矩形（形状类型赋值为"Rectangle"），若轮廓的顶点数量大于 4 且轮廓的圆形度大于 0.8，则轮廓的形状为圆形（形状类型赋值为"Circle"），否则轮廓的形状为多边形（形状类型赋值为"Polygon"）；最后为轮廓绘制矩形框，并为轮廓添加形状类型文本。

② 显示添加文本后的图像。

③ 设置窗口等待功能，按任意键释放所有窗口。

3. 实训小结

按要求完成实训内容，并将实训过程中遇到的问题和解决办法记录在表 5-2 中。

表 5-2 实训过程

序 号	主要问题	解决办法
1		
2		
3		

项目总结

完成本项目的学习与实践后，请总结应掌握的重点内容，并将图 5-20 中的空白处填写完整。

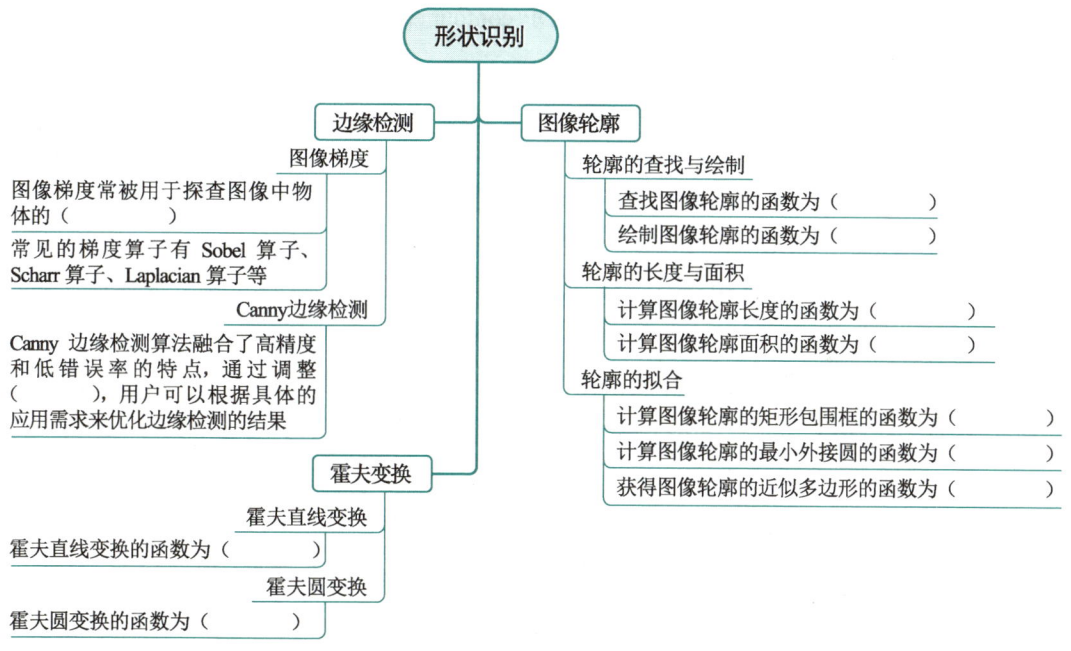

图 5-20 项目总结

项目考核

1. 选择题

（1）下列选项中，（　　）为 x 轴方向 Sobel 算子。

A. $\begin{bmatrix} -1 & 0 & 1 \\ -2 & 0 & 2 \\ -1 & 0 & 1 \end{bmatrix}$
B. $\begin{bmatrix} -1 & 0 & 1 \\ -1 & 0 & 1 \\ -1 & 0 & 1 \end{bmatrix}$

C. $\begin{bmatrix} -1 & -2 & -1 \\ 0 & 0 & 0 \\ 1 & 2 & 1 \end{bmatrix}$ D. $\begin{bmatrix} -1 & -1 & -1 \\ 0 & 0 & 0 \\ 1 & 1 & 1 \end{bmatrix}$

（2）在 OpenCV 的 cv2.findContours(image,mode,method)函数中，参数 mode 的值为 cv2.RETR_EXTERNAL 时，表示（　　）。

  A．只查找最内层的轮廓   B．只查找最外层的轮廓

  C．查找所有的轮廓   D．查找所有的轮廓，但不建立层次关系

（3）在 OpenCV 的 cv2.drawContours(image,contours,-1,(255,255,0),2)函数中，最后一个参数"2"表示（　　）。

  A．轮廓的颜色   B．轮廓线条的宽度

  C．轮廓的线型   D．轮廓结构

（4）下列关于 approx=cv2.approxPolyDP(contour,epsilon,closed)函数的描述中，错误的是（　　）。

  A．approx 表示输出的多边形点集

  B．contour 是由图像的轮廓点组成的点集

  C．epsilon 为可选参数，表示轮廓的层次结构

  D．closed 表示输出的多边形是否闭合

（5）比较 cv2.boundingRect()函数和 cv2.minAreaRect()函数的差异，下列描述错误的是（　　）。

  A．通过 cv2.boundingRect()函数获得的矩形是横平竖直的

  B．通过 cv2.minAreaRect()函数获得的矩形面积一定小于通过 cv2.boundingRect()函数获得的矩形

  C．通过 cv2.minAreaRect()函数获得的矩形可能是倾斜的

  D．通过 cv2.minAreaRect()函数获得的矩形其面积一定是最小的

2．填空题

（1）Laplacian 算子是一种_____阶导数算子，其具有旋转不变性，可以满足不同方向的图像边缘锐化的要求。

（2）将输入图像与梯度算子进行_____运算，即可得到体现不同方向边缘信息的输出结果。

（3）在 OpenCV 中，使用 Canny1=cv2.Canny(image,150,240)函数进行 Canny 边缘检测，该函数中低阈值设置为_____，高阈值设置为_____。

（4）输出图像的深度常见的选项有 cv2.CV_8U、cv2.CV_16U 和 cv2.CV_32F，其中 8、16 和 32 表示_____。

（5）在 OpenCV 中，霍夫直线变换函数为_____。

3. 简答题

（1）简述 Canny 边缘检测算法的主要步骤。

（2）简述霍夫变换的基本原理。

项目评价

结合本项目的学习情况，完成项目评价，并将评价结果填入表 5-3 中。

表 5-3　项目评价

评价项目	评价内容	评价分数			
		分值	自评	互评	师评
项目完成度评价（20%）	项目准备阶段，回答问题是否清晰准确，能够紧扣主题，没有明显错误	5 分			
	项目实施阶段，是否能够根据操作步骤完成本项目	5 分			
	项目实训阶段，是否能够出色完成实训内容	5 分			
	项目总结阶段，是否能够正确地将项目总结的空白信息补充完整	2 分			
	项目考核阶段，是否能够正确地完成考核题目	3 分			
知识评价（30%）	是否掌握图像梯度的计算方法	10 分			
	是否掌握 Canny 边缘检测算法的主要步骤	10 分			
	是否了解霍夫变换的基本原理	10 分			
技能评价（30%）	是否能够使用 OpenCV 进行图像的边缘检测	10 分			
	是否能够使用 OpenCV 进行图像轮廓的查找、绘制及拟合	10 分			
	是否能够使用 OpenCV 进行图像的霍夫变换	10 分			
素养评价（20%）	是否能够遵守课堂纪律，上课精神是否饱满	5 分			
	是否具有自主学习意识，做好课前准备	5 分			
	是否善于思考，积极参与，勇于提出问题	5 分			
	是否具有团队合作精神，出色完成小组任务	5 分			
合计	综合分数_____自评（25%）+互评（25%）+师评（50%）	100 分			
	综合等级_____	指导老师签字_____			
综合评价（创新、进步及不足）					

项目 6

物体检测与计数

项目目标

知识目标

- 理解图像阈值处理的概念及其用途。
- 掌握图像阈值处理中常用方法的基本原理。
- 了解图像形态学变换的基础知识。
- 掌握腐蚀和膨胀的基本原理。
- 了解开运算和闭运算的基本原理。
- 了解形态学梯度运算、顶帽运算和黑帽运算的基本概念。

技能目标

- 能够使用 OpenCV 进行图像的阈值处理。
- 能够使用 OpenCV 进行图像的形态学变换。

素养目标

- 提高分析问题和解决问题的能力和自信心。
- 提升总结规律和将事物化繁为简的能力。

项目 ❻ 物体检测与计数

项目描述

对图像中的物体进行检测与计数是很多图像分析与识别任务的前提。小旌了解到，图像形态学能够使用具有一定形态的结构元素来度量和提取图像中的形状或特征。于是，他打算使用形态学变换对图像中的纽扣进行检测与计数。

为了保证图像检测与计数的准确性，小旌首先对图像进行预处理，包括高斯滤波、色彩空间的转换和二值化阈值处理，然后对预处理后的图像进行了膨胀、腐蚀和形态学梯度运算，最后在形态学梯度运算后的图像中查找、筛选并为检测到的纽扣绘制矩形框，同时，通过计算矩形框的数量来统计纽扣的数量。

项目分析

按照项目要求，将纽扣检测与计数的步骤分解如下。

第 1 步：图像预处理。读取原图像，对原图像依次进行高斯滤波、色彩空间的转换及二值化阈值处理，并显示原图像和预处理后的图像。

第 2 步：形态学变换。首先对预处理后的图像进行膨胀和腐蚀运算，去除可能影响结果的噪声，然后进行形态学梯度运算，获得图像的边缘，并显示形态学梯度运算后的图像。

第 3 步：轮廓查找与计数。在形态学梯度运算后的图像中，调用 cv2.findContours()函数查找该图像中的轮廓，然后判断检测到的轮廓的圆形度，筛选出可能是纽扣的物体，同时在原图像上为检测到的纽扣绘制矩形框，最后通过计算矩形框的数量来统计纽扣的数量。

为了实现纽扣检测与计数，本项目将对相关知识进行介绍，包括阈值处理的概念，常用的阈值处理方法（全局阈值处理、Otsu 阈值处理和自适应阈值处理），形态学变换基础，常用的形态学变换（腐蚀、膨胀、开运算和闭运算），以及形态学其他运算。

项目准备

全班学生以 3～5 人为一组进行分组，各组选出组长。组长组织组员扫码观看"形态学变换的应用"视频，讨论并回答下列问题。

问题 1：什么是形态学？

问题 2：说出形态学运算在图像处理中的 3 种应用。

形态学变换的应用

6.1 阈值处理

阈值处理是图像处理中的一种基本技术，它能够对图像进行二值化处理，即将图像中的每个像素的灰度值设置为 0 或 255（或者是 0 到 255 之间的任意两个值）。例如，若设置阈值为 T，并将图像中像素灰度值大于阈值 T 的像素灰度值设置为 255，将像素灰度值小于或等于阈值 T 的像素灰度值设置为 0，则其阈值处理的变换公式如下。

$$g(x,y)=\begin{cases}255, & f(x,y)>T,\\ 0, & f(x,y)\leqslant T\end{cases}$$

其中，$g(x,y)$ 为输出图像像素的灰度值，$f(x,y)$ 为原图像像素的灰度值。

当阈值 T 为 127 时，阈值处理的示例如图 6-1 所示。

120	124	105	145	100	33
106	108	200	66	70	80
110	156	188	72	160	91
180	101	167	31	168	51
77	68	133	51	18	185
65	210	7	130	20	30

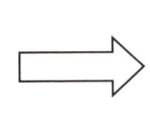

0	0	0	255	0	0
0	0	255	0	0	0
0	255	255	0	255	0
255	0	255	0	255	0
0	0	255	0	0	255
0	255	0	255	0	0

图 6-1 阈值处理的示例

在数字图像处理中，阈值处理常用于图像的二值化、图像分割、边缘检测、特征提取等多种任务。

在 OpenCV 中，常用的阈值处理方法有全局阈值处理、Otsu 阈值处理和自适应阈值处理。

6.1.1 全局阈值处理

全局阈值处理是基于整幅图像的统计信息，通过计算像素灰度值的平均值或直方图的峰值来确定一个全局阈值。将图像中的像素灰度值与该阈值进行比较，将高于阈值的像素灰度值设置为 255（或特定值），低于阈值的像素灰度值设置为 0（或特定值）。这种方法简单直接，但不适用于具有不同光照条件和背景的复杂图像。

OpenCV 提供的 cv2.threshold() 函数用于实现图像的全局阈值处理，其格式如下。

`retval,dst=cv2.threshold(src,thresh,maxval,type)`

其中，retval 表示阈值处理使用的阈值；dst 表示输出图像，即阈值分割后的图像；src 表示输入图像，即待进行阈值处理的图像；thresh 表示要设置的阈值；maxval 表示当 type 为 cv2.THRESH_BINARY 或者 cv2.THRESH_BINARY_INV 类型时要设置的最大值；type 表示阈值处理的类型，常用的阈值处理类型和含义如表 6-1 所示。

表 6-1　常用的阈值处理类型和含义

阈值处理类型	含　义
cv2.THRESH_BINARY	二值化阈值处理。若图像中像素的灰度值大于阈值，则将其灰度值设置为最大值，否则，将其像素值设置为 0
cv2.THRESH_BINARY_INV	反二值化阈值处理。若图像中像素的灰度值大于阈值，则将其灰度值设置为 0，否则，将其像素值设置为最大值
cv2.THRESH_TOZERO	低阈值零处理。若图像中像素的灰度值小于或等于阈值，则将其灰度值设置为 0，否则，其像素值不变
cv2.THRESH_TOZERO_INV	超阈值零处理。若图像中像素的灰度值大于阈值，则将其灰度值设置为 0，否则，其像素值不变
cv2.THRESH_TRUNC	截断阈值处理。若图像中像素的灰度值大于阈值，则将其灰度值设置为阈值，否则，其像素值不变

【例 6-1】　编写程序，使用 OpenCV 的 cv2.threshold()函数对图像"river.png"（见本书配套素材"例题图像/river.png"）进行全局阈值处理，并显示原图像和阈值处理后的图像。

【参考代码】

```
import cv2                                  #导入 OpenCV 库
image=cv2.imread("river.png")               #读取原图像
#二值化阈值处理
t1,dst1=cv2.threshold(image,127,255,cv2.THRESH_BINARY)
#反二值化阈值处理
t2,dst2=cv2.threshold(image,127,255,cv2.THRESH_BINARY_INV)
#低阈值零处理
t3,dst3=cv2.threshold(image,127,255,cv2.THRESH_TOZERO)
#超阈值零处理
t4,dst4=cv2.threshold(image,127,255,cv2.THRESH_TOZERO_INV)
#截断阈值处理
t5,dst5=cv2.threshold(image,127,255,cv2.THRESH_TRUNC)
cv2.imshow('Input',image)                   #显示原图像
cv2.imshow('BINARY',dst1)                   #显示阈值处理后的图像
cv2.imshow('BINARY_INV',dst2)
cv2.imshow('TOZERO',dst3)
cv2.imshow('TOZERO_INV',dst4)
cv2.imshow('TRUNC', dst5)
cv2.waitKey()                               #窗口等待，按任意键继续
cv2.destroyAllWindows()                     #释放所有窗口
```

【运行结果】 程序运行结果如图 6-2 所示。

(a) 原图像

(b) 二值化阈值处理后的图像

(c) 反二值化阈值处理后的图像

(d) 低阈值零处理后的图像

(e) 超阈值零处理后的图像

(f) 截断阈值处理后的图像

图 6-2　例 6-1 程序运行结果

6.1.2　Otsu 阈值处理

Otsu 阈值处理又称最大类间方差法，它根据图像的直方图自动选择一个阈值，使得前景和背景的类内方差最小，类间方差最大。这种方法不需要用户指定阈值，能够自适应地找到最佳的阈值。它适用于图像灰度直方图具有双峰的情况，可以最大化两个类别（前景和背景）之间的方差。

在 OpenCV 中，使用 cv2.threshold() 函数实现 Otsu 阈值处理时，需要将阈值处理类型参数 type 加上"cv2.THRESH_OTSU"，同时将用于设置阈值的参数 thresh 设置为 0，表明函数会自动计算最佳阈值，不需要手动设置阈值。

【例 6-2】 编写程序，使用 OpenCV 的 cv2.threshold()函数对图像"campus.png"（见本书配套素材"例题图像/campus.png"）进行 Otsu 阈值处理，并显示原图像和 Otsu 阈值处理后的图像。

【参考代码】

```
import cv2                                    #导入 OpenCV 库
image=cv2.imread("campus.png")                #读取原图像
image_Gray=cv2.cvtColor(image,cv2.COLOR_BGR2GRAY)
#二值化阈值处理
t1,dst1=cv2.threshold(image_Gray,127,255,cv2.THRESH_BINARY)
#Otsu 阈值处理
t2,dst2=cv2.threshold(image_Gray,0,255,cv2.THRESH_BINARY+cv2.THRESH_OTSU)
cv2.imshow('Input',image)                     #显示原图像
cv2.imshow('BINARY',dst1)                     #显示二值化阈值处理后的图像
cv2.imshow('OTSU',dst2)                       #显示 Otsu 阈值处理后的图像
cv2.waitKey()                                 #窗口等待，按任意键继续
cv2.destroyAllWindows()                       #释放所有窗口
```

【运行结果】 程序运行结果如图 6-3 所示。程序使用"cv2.THRESH_BINARY+cv2.THRESH_OTSU"作为阈值类型来进行 Otsu 阈值处理。"cv2.THRESH_BINARY"指定进行二值化阈值处理，而"cv2.THRESH_OTSU"告诉函数自动计算 Otsu 阈值。从运行结果可看出，由于原图像的亮度较高，使用阈值为 127 的二值化阈值处理后的图像没有很好地保留图像主体的轮廓，并出现了大量的白色区域。但是，使用 Otsu 阈值处理图像，不仅找到了最合适的阈值，还将图像主体的轮廓很好地保留了下来，获得了比较好的处理结果。

（a）原图像　　　　　（b）二值化阈值处理后的图像　　　　　（c）Otsu 阈值处理后的图像

图 6-3　例 6-2 程序运行结果

> **高手点拨**
>
> Otsu 阈值处理是假设图像的灰度直方图具有双峰，即存在两个主要的灰度级别分布，一个对应于前景，另一个对应于背景。如果图像的直方图不是双峰的，那么 Otsu 阈值处理可能不会得到很好的结果。

6.1.3 自适应阈值处理

自适应阈值处理是一种使用变化的阈值来完成图像阈值处理的技术。与全局阈值处理不同，自适应阈值处理通过计算每个像素周围邻近区域的灰度值的加权平均值获得阈值，并使用该阈值对当前像素进行阈值处理。

自适应阈值处理能够更好地处理明暗差异较大的图像，因为它为每个像素或像素块选择了更合适的阈值。

OpenCV 提供的 cv2.adaptiveThreshold()函数用于实现图像的自适应阈值处理，其格式如下。

```
dst=cv2.adaptiveThreshold(src,maxValue,adaptiveMethod,thresholdType,blockSize,C)
```

其中，dst 表示输出图像，即自适应阈值处理后的图像；src 表示输入图像，即待进行阈值处理的图像，该图像须为灰度图像；maxValue 表示自适应阈值处理所使用的最大值；adaptiveMethod 表示自适应阈值的计算方法，自适应阈值的计算方法和含义如表 6-2 所示；thresholdType 表示阈值处理的类型，其值为 cv2.THRESH_BINARY 或 cv2.THRESH_BINARY_INV；blockSize 表示计算局部阈值邻域的大小；C 为常量，表示在每个区域计算出的阈值的基础上，再减去常量 C，作为这个区域的最终阈值，其值可以为负数。

表 6-2 自适应阈值的计算方法和含义

自适应阈值的计算方法	含 义
cv2.ADAPTIVE_THRESH_MEAN_C	邻域中所有像素的权重相同，即像素的阈值为所在邻域所有像素的均值减去常量 C
cv2.ADAPTIVE_THRESH_GAUSSIAN_C	邻域中像素的权重与其到中心点的距离有关，使用高斯函数计算各像素的权重，即像素的阈值为所在邻域像素的高斯加权均值减去常量 C

【例 6-3】 编写程序，使用 OpenCV 的 cv2.adaptiveThreshold()函数对图像 "mountain.png"（见本书配套素材 "例题图像/mountain.png"）进行自适应阈值处理，并显示原图像和阈值处理后的图像。

【参考代码】

```
import cv2                              #导入OpenCV库
```

```
image=cv2.imread("mountain.png")        #读取原图像
image_Gray=cv2.cvtColor(image,cv2.COLOR_BGR2GRAY)
#自适应阈值处理
athdMEAM=cv2.adaptiveThreshold(image_Gray,255,
cv2.ADAPTIVE_THRESH_MEAN_C,cv2.THRESH_BINARY,5,3)
athdGAUS=cv2.adaptiveThreshold(image_Gray,255,
cv2.ADAPTIVE_THRESH_GAUSSIAN_C,cv2.THRESH_BINARY,5,3)
cv2.imshow('Input',image)               #显示原图像
cv2.imshow("image_Gray",image_Gray)     #显示灰度图像
cv2.imshow("MEAN_C",athdMEAM)           #显示自适应阈值处理后的图像
cv2.imshow("GAUSSIAN_C",athdGAUS)
cv2.waitKey()                           #窗口等待，按任意键继续
cv2.destroyAllWindows()                 #释放所有窗口
```

【运行结果】 程序运行结果如图 6-4 所示。从运行结果可看出，自适应阈值处理的结果图像保留了图像中更多的细节信息，更明显地保留了灰度图像的主体轮廓。

（a）原图像

（b）灰度图像

（c）自适应阈值处理后的图像（均值）

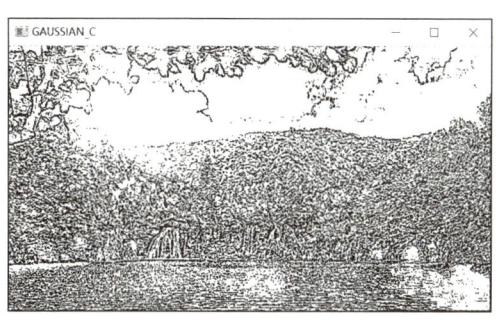

（d）自适应阈值处理后的图像（高斯加权均值）

图 6-4　例 6-3 程序运行结果

6.2 形态学变换

形态学变换主要用于二值图像或灰度图像的形状操作,它通过使用一定形态的结构元素去度量和提取图像中的对应形状,借助图像集合理论来达到图像分析和处理的目的。

6.2.1 形态学变换基础

1. 集合运算

形态学变换的基础是集合运算。集合的基本运算包括交集、并集、补集、差集等,如表 6-3 所示。

表 6-3 集合的基本运算

名称	定义	描述法表示
交集	对于两个给定的集合 A、B,由既属于集合 A 又属于集合 B 的所有元素组成的集合	$A \cap B = \{x \mid x \in A 且 x \in B\}$
并集	对于两个给定的集合 A、B,由集合 A、B 的所有元素所组成的集合	$A \cup B = \{x \mid x \in A 或 x \in B\}$
补集	由不属于集合 A 的所有元素组成的集合	$A^C = \{x \mid x \notin A\}$
差集	由属于集合 A 且不属于集合 B 的所有元素组成的集合	$A - B = \{x \mid x \in A 且 x \notin B\}$

除了以上集合的基本运算之外,形态学又引入了两个新的集合运算方法:集合的反射与平移。

(1)集合 B 的反射表示为 $\hat{B}$,公式如下。

$$\hat{B} = \{w \mid w = -b, b \in B\}$$

假设集合 B 描述的是一个区域,其任一像素 b 的坐标为 (x,y),则集合 $\hat{B}$ 是由坐标为 $(-x,-y)$ 的像素构成的一个区域。

(2)集合 B 平移了 $z = (x_0, y_0)$,表示为 $(B)_z$,定义为

$$(B)_z = \{a \mid a = z + b, b \in B\}$$

假设集合 B 描述的是一个区域,其任一像素 b 的坐标为 (x,y),则集合 $(B)_z$ 是由坐标为 $(x + x_0, y + y_0)$ 的像素构成的一个区域。

2. 结构元素

结构元素是一个形状和大小已知的像素集合,是用于度量和处理图像的基本单位,通常是比较小的图像。在腐蚀、膨胀等形态学运算过程中,需要使用它来逐像素扫描原图像,并根据结构元素和原图像的关系来确定腐蚀或膨胀等运算的结果。可以把结构元素看作是一种特殊的"卷积核"。

在二值图像中，结构元素由取值为 0 或 1 的像素组成，所有取值为 1 的像素形成一个特定的形状结构，如图 6-5 所示。

1	1	1
1	1	1
1	1	1

0	1	0
1	1	1
0	1	0

0	0	0
1	1	1
0	0	0

图 6-5　结构元素示例

在构造一个结构元素时，不仅需要规定其尺寸大小（通过指定 0 和 1 的位置得到特定形状结构），还需要指定一个锚点，这个锚点作为结构元素参与形态学变换的参考点。图 6-5 中用矩形框起来的位置，就是该结构元素的锚点。在没有特殊说明时，通常以结构元素的对称中心作为锚点。

在 OpenCV 中，可以使用自定义矩阵（NumPy 数组）来定义结构元素，也可以使用 cv2.getStructuringElement()函数来创建结构元素，其格式如下。

```
kernel=cv2.getStructuringElement(shape,ksize[,anchor=(-1,-1)])
```

其中，kernel 表示结构元素，数据类型为二维数组；shape 表示结构元素的形状，其值可以为 cv2.MORPH_RECT（矩形）、cv2.MORPH_ELLIPSE（椭圆形）或 cv2.MORPH_CROSS（十字形）；ksize 表示结构元素的大小，须为包含两个整数的元组(宽度,高度)；anchor 表示结构元素的锚点位置，为可选参数，默认为(−1,−1)，即锚点位于结构元素的中心。

6.2.2　腐蚀与膨胀

腐蚀与膨胀是形态学的两种基本运算，其他的形态学运算均由这两种基本运算复合而成。

1. 腐蚀

腐蚀运算能够消除图像前景形状的边界，使前景形状沿着边界向内收缩。在腐蚀的过程中，通常会使用结构元素逐个像素地扫描被腐蚀的图像，并根据结构元素与图像前景形状之间的交集关系确定运算结果。设 A 为二值图像，S 为结构元素。使用 S 对 A 进行腐蚀，或 A 被 S 腐蚀，记作 $A\ominus S$，公式如下。

$$A\ominus S=\{z|(S)_z\subseteq A\}$$

使用 S 对 A 进行腐蚀，是由结构元素 S 的锚点平移到像素 z 时，S 包含在 A 中的所有 z 构成的集合。即平移结构元素 S，使其锚点与图像中某像素 z 重合，如果此时结构元素 S 完全包含于集合 A 中，那么像素 z 就是集合 $A\ominus S$ 中的一个元素。图 6-6 为锚点位于中心的 3×3 结构元素 S 腐蚀二值图像 A 的示例。

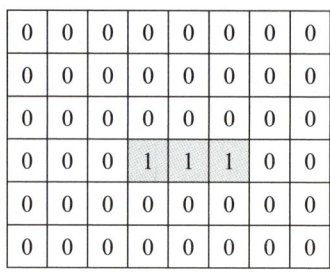
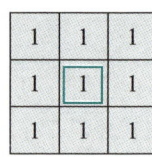

（a）原图像 A　　　　　（b）结构元素 S　　　　　（c）$A \ominus S$

图 6-6　腐蚀运算的示例

腐蚀能够消融图像中物体的边界，具体的腐蚀结果与图像本身、结构元素的大小和形状有关。如果图像中物体整体上大于结构元素，那么腐蚀的结果会使物体"变瘦"一圈。这一圈的大小是由结构元素决定的。如果图像中物体本身小于结构元素，则图像中的物体会在腐蚀后完全消失。如果图像中物体仅有部分区域小于结构元素（如细小的连通），则腐蚀后会在细小的连通处断裂，分离为两部分。

OpenCV 提供的 cv2.erode()函数用于实现腐蚀运算，其格式如下。

dst=cv2.erode(src,kernel[,anchor[,iterations[,borderType]]])

其中，dst 表示输出图像，即腐蚀运算的结果图像；src 表示输入图像，须为一幅二值图像（单通道）或灰度图像（多通道）；kernel 表示结构元素；anchor 表示锚点，为可选参数，默认为(-1,-1)，表示锚点为结构元素中心；iterations 表示迭代次数，即进行几次腐蚀运算，为可选参数，默认为 1；borderType 表示边界样式，即在进行腐蚀运算时如何处理图像边缘的像素，为可选参数，默认为 cv2.BORDER_CONSTANT，此时使用固定值填充边界。

【例6-4】　编写程序，使用 OpenCV 的 cv2.erode()函数对图像"grad.png"（见本书配套素材"例题图像/grad.png"）进行腐蚀运算，并显示原图像和腐蚀运算后的图像。

【参考代码】

```
import cv2                                      #导入OpenCV库
image=cv2.imread('grad.png',cv2.IMREAD_GRAYSCALE)   #读取图像
cv2.imshow("Input",image)                       #显示原图像
#定义3×3的结构元素
kernel1=cv2.getStructuringElement(cv2.MORPH_RECT,(3,3))
#使用3×3的结构元素进行腐蚀运算
eroded_img1=cv2.erode(image,kernel1)
cv2.imshow("Eroded(3*3)",eroded_img1)           #显示腐蚀后的图像
#定义5×5的结构元素
kernel2=cv2.getStructuringElement(cv2.MORPH_RECT,(5,5))
```

```
#使用5×5的结构元素进行腐蚀运算
eroded_img2=cv2.erode(image,kernel2)
cv2.imshow("Eroded(5*5)",eroded_img2)    #显示腐蚀后的图像
cv2.waitKey()                             #窗口等待，按任意键继续
cv2.destroyAllWindows()                   #释放所有窗口
```

【运行结果】　程序运行结果如图6-7所示。

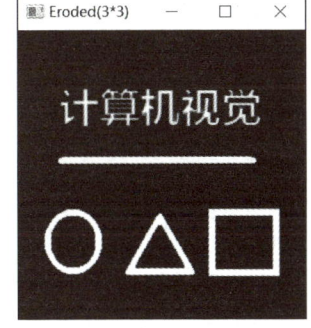
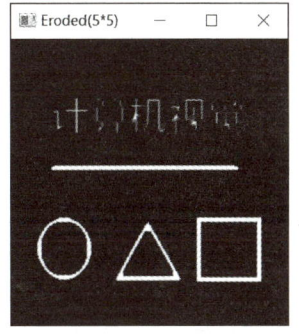

（a）原图像　　　（b）使用3×3的结构元素腐蚀后的图像　（c）使用5×5的结构元素腐蚀后的图像

图6-7　例6-4程序运行结果

2. 膨胀

膨胀的作用，与腐蚀的作用相反，它能够扩充图像前景形状的边界，使前景形状沿着边界向外扩张。设 A 为二值图像，S 为结构元素。使用 S 对 A 进行膨胀，或 A 被 S 膨胀，记作 $A \oplus S$，公式如下。

$$A \oplus S = \{z | (\hat{S})_z \cap A \neq \varnothing\}$$

A 被 S 膨胀的结果，是先对结构元素 S 做反射运算，然后平移到像素 z 后，与 A 至少有一个像素重叠的所有像素 z 构成的集合。即对结构元素 S 做反射运算，然后平移并将锚点放在二值图像中某像素 z 上，如果这时结构元素 S 与集合 A 至少有一个像素重叠，那么像素 z 就是集合 $A \oplus S$ 中的一个元素。图6-8为锚点位于中心的3×3结构元素 S 膨胀二值图像 A 的示例。

　　（a）原图像 A　　　　　（b）结构元素 S　　　　　（c）$A \oplus S$

图6-8　膨胀运算的示例

腐蚀是一种收缩或细化运算，而膨胀会"增长"或"粗化"图像中的目标。膨胀程度与结构元素的大小和形状有关。

OpenCV 提供的 cv2.dilate()函数用于实现膨胀运算，其格式如下。

dst=cv2.dilate(src,kernel[,anchor[,iterations[,borderType]]])

其参数与 cv2.erode()函数中的一致，此处不再赘述。

【例 6-5】 编写程序，使用 OpenCV 的 cv2.dilate()函数对图像"grad.png"（见本书配套素材"例题图像/grad.png"）进行膨胀运算，并显示原图像和膨胀运算后的图像。

【参考代码】

```
import cv2                                          #导入OpenCV库
image=cv2.imread('grad.png',cv2.IMREAD_GRAYSCALE) #读取图像
cv2.imshow("Input",image)                           #显示原图像
#定义3×3的结构元素
kernel=cv2.getStructuringElement(cv2.MORPH_RECT,(3,3))
#使用3×3的结构元素进行一次膨胀运算
dilated_img1=cv2.dilate(image,kernel,iterations=1)
cv2.imshow("1-dilate(3*3)",dilated_img1)#显示膨胀后的图像
#使用3×3的结构元素进行两次膨胀运算
dilated_img2=cv2.dilate(image,kernel,iterations=2)
cv2.imshow("2-dilate(3*3)",dilated_img2)#显示膨胀后的图像
cv2.waitKey()                                       #窗口等待，按任意键继续
cv2.destroyAllWindows()                             #释放所有窗口
```

【运行结果】 程序运行结果如图 6-9 所示。

（a）原图像

（b）膨胀一次后的图像

（c）膨胀两次后的图像

图 6-9 例 6-5 程序运行结果

6.2.3 开运算与闭运算

开运算和闭运算都是由腐蚀和膨胀运算组合而成的。开运算和闭运算的结合使用能够起到消除图像噪声的作用。

1. 开运算

设 A 为二值图像，S 为结构元素。使用 S 对 A 进行开运算，记作 $A \circ S$，公式如下。

$$A \circ S = (A \ominus S) \oplus S$$

即使用同一结构元素 S 先对 A 进行腐蚀运算，再对结果图像进行膨胀运算。

开运算可用于平滑形状轮廓，消除形状外的噪声。当用于去噪时，开运算首先对形状进行腐蚀运算，消除边界和边界以外的细小区域，再进行膨胀运算，恢复形状的原始大小，达到背景区域去噪的效果。

【例 6-6】 编写程序，使用 OpenCV 的 cv2.erode()函数和 cv2.dilate()函数对图像"hat.png"（见本书配套素材"例题图像/hat.png"）进行开运算，并显示原图像和开运算后的图像。

【参考代码】

```
import cv2                                          #导入OpenCV库
image=cv2.imread('hat.png',cv2.IMREAD_GRAYSCALE)    #读取图像
cv2.imshow("Input",image)                           #显示原图像
#定义5×5的结构元素
kernel=cv2.getStructuringElement(cv2.MORPH_RECT,(5,5))
image1=cv2.erode(image,kernel)                      #先进行腐蚀运算
image2=cv2.dilate(image1,kernel)                    #再进行膨胀运算
cv2.imshow("Output",image2)                         #显示开运算后的图像
cv2.waitKey()                                       #窗口等待，按任意键继续
cv2.destroyAllWindows()                             #释放所有窗口
```

【运行结果】 程序运行结果如图 6-10 所示。

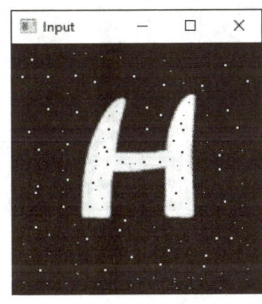
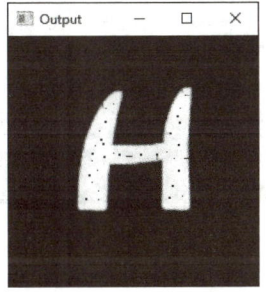

（a）原图像　　　　　　　　（b）开运算后的图像

图 6-10　例 6-6 程序运行结果

2. 闭运算

设 A 为二值图像，S 为结构元素。使用 S 对 A 进行闭运算，记作 $A \bullet S$，公式如下。

$$A \bullet S = (A \oplus S) \ominus S$$

即使用同一结构元素 S 先对 A 进行膨胀运算，再对结果图像进行腐蚀运算。

闭运算同样可以使轮廓变得平滑，但是与开运算相反，它可以填充前景区域中小于结构元素的孔洞或缝隙，或令前景区域中的孔洞或缝隙变小。闭运算首先对形状进行膨胀运算，扩大形状的边界范围，同时填补形状内部的噪声，之后再进行腐蚀运算，恢复形状的原始大小，达到前景区域去噪的效果。

【例 6-7】 编写程序，使用 OpenCV 的 cv2.erode()函数和 cv2.dilate()函数对图像"hat.png"（见本书配套素材"例题图像/hat.png"）进行闭运算，并显示原图像和闭运算后的图像。

【参考代码】

```
import cv2                                          #导入OpenCV库
image=cv2.imread('hat.png',cv2.IMREAD_GRAYSCALE)   #读取图像
cv2.imshow("Input",image)                          #显示原图像
#定义5×5的结构元素
kernel=cv2.getStructuringElement(cv2.MORPH_RECT,(5,5))
image1=cv2.dilate(image,kernel)                    #先进行膨胀运算
image2=cv2.erode(image1,kernel)                    #再进行腐蚀运算
cv2.imshow("Output",image2)                        #显示闭运算后的图像
cv2.waitKey()                                      #窗口等待，按任意键继续
cv2.destroyAllWindows()                            #释放所有窗口
```

【运行结果】 程序运行结果如图 6-11 所示。

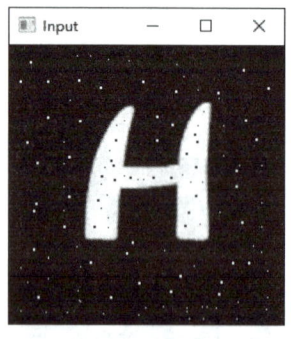
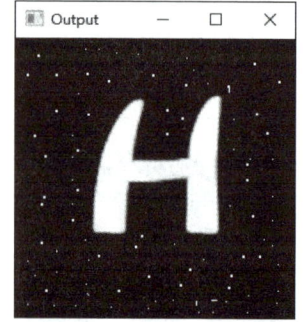

（a）原图像　　　　　　　　（b）闭运算后的图像

图 6-11　例 6-7 程序运行结果

6.2.4 形态学其他运算

在形态学变化中,除了腐蚀、膨胀、开运算和闭运算之外,还有几种比较有特点的运算。它们可以使用 OpenCV 提供的 cv2.morphologyEx()函数(该函数可实现所有常用的形态学运算)实现,其格式如下。

```
dst=cv2.morphologyEx(src,op,kernel[,anchor=(-1,-1)[,
iterations=1[,borderType]]])
```

其中,dst 表示输出图像,即形态学运算的结果图像;src 表示输入图像,须为一幅二值图像(单通道)或灰度图像(多通道);op 表示运算类型,其取值和含义如表 6-4 所示;kernel 表示结构元素;anchor 表示锚点,为可选参数,默认为(-1,-1),即锚点为结构元素中心;iterations 表示迭代次数,即进行几次形态学运算,为可选参数,默认为 1;borderType 表示边界样式,为可选参数。

表 6-4 运算类型的取值和含义

取 值	名 称	含 义
cv2.MORPH_ERODE	腐蚀	腐蚀
cv2.MORPH_DILATE	膨胀	膨胀
cv2.MORPH_OPEN	开运算	先腐蚀再膨胀
cv2.MORPH_CLOSE	闭运算	先膨胀再腐蚀
cv2.MORPH_GRADIENT	形态学梯度运算	膨胀图像减去腐蚀图像
cv2.MORPH_TOPHAT	顶帽运算	原图像减去开运算图像
cv2.MORPH_BLACKHAT	黑帽运算	闭运算图像减去原图像

使用 cv2.morphologyEx()函数进行腐蚀、膨胀、开运算和闭运算,得到的效果与前文中使用 cv2.erode()函数和 cv2.dilate()函数的效果完全一致,此处不再赘述。下面介绍形态学梯度运算、顶帽运算和黑帽运算。

1. 形态学梯度运算

形态学梯度运算是指在原图像上应用膨胀运算和腐蚀运算,然后将两个结果图像相减。这个过程可以得到图像中物体的边缘。

【例 6-8】 编写程序,使用 OpenCV 的 cv2.morphologyEx()函数对图像"grad.png"(见本书配套素材"例题图像/grad.png")进行形态学梯度运算,并显示原图像和形态学梯度运算后的图像。

【参考代码】

```
import cv2                              #导入OpenCV库
image=cv2.imread('grad.png',cv2.IMREAD_GRAYSCALE) #读取图像
```

```
#定义3×3的结构元素
kernel=cv2.getStructuringElement(cv2.MORPH_RECT,(3,3))
#进行梯度运算
gradient =cv2.morphologyEx(image,cv2.MORPH_GRADIENT,kernel)
cv2.imshow("Input",image)                #显示原图像
cv2.imshow("Gradient",gradient)          #显示形态学梯度运算后的图像
cv2.waitKey()                            #窗口等待，按任意键继续
cv2.destroyAllWindows()                  #释放所有窗口
```

【运行结果】 程序运行结果如图6-12所示。

（a）原图像　　　　　　　　（b）形态学梯度运算后的图像

图6-12 例6-8程序运行结果

2. 顶帽运算和黑帽运算

顶帽运算又称礼帽运算，是原图像减去图像开运算的结果图像，经过这个运算后可以得到原图像的噪声信息，或者得到比原图像的边缘更亮的图像信息。黑帽运算又称底帽运算，是图像闭运算的结果图像减去原图像，经过这个运算后可以得到原图像内部的细节，或者得到比原图像的边缘更暗的图像信息。

【例6-9】 编写程序，使用OpenCV的cv2.morphologyEx()函数对图像"hat.png"（见本书配套素材"例题图像/hat.png"）进行顶帽运算和黑帽运算，并显示原图像、顶帽运算后的图像和黑帽运算后的图像。

【参考代码】

```
import cv2                               #导入OpenCV库
image=cv2.imread('hat.png',cv2.IMREAD_GRAYSCALE)  #读取图像
#定义3×3的结构元素
kernel=cv2.getStructuringElement(cv2.MORPH_RECT,(3,3))
#进行顶帽运算
tophat=cv2.morphologyEx(image,cv2.MORPH_TOPHAT,kernel)
```

项目 6 物体检测与计数

```
#进行黑帽运算
blackhat=cv2.morphologyEx(image,cv2.MORPH_BLACKHAT,kernel)
cv2.imshow("Input",image)              #显示原图像
cv2.imshow("TopHat",tophat)            #显示顶帽运算后的图像
cv2.imshow("BlackHat",blackhat)        #显示黑帽运算后的图像
cv2.waitKey()                          #窗口等待,按任意键继续
cv2.destroyAllWindows()                #释放所有窗口
```

【运行结果】 程序运行结果如图6-13所示。

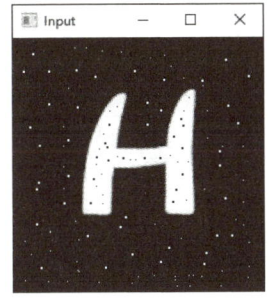

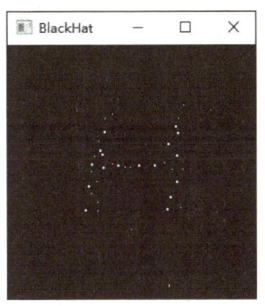

（a）原图像　　　　　　（b）顶帽运算后的图像　　　　（c）黑帽运算后的图像

图6-13　例6-9程序运行结果

　　清华大学精密仪器系类脑计算研究中心提出了一种基于视觉原语的互补双通路类脑视觉感知新范式。该范式借鉴人类视觉系统的基本原理，将开放世界的视觉信息拆解为基于视觉原语的信息表示，并通过有机组合这些原语，模仿人类视觉系统的特征，形成两条优势互补、信息完备的视觉感知通路。

　　基于这一新范式，团队研制出了世界首款类脑互补视觉芯片"天眸芯"，它可以在极低的带宽和功耗条件下，实现每秒10 000帧的高速、10 bit的高精度、130 dB的高动态范围视觉信息采集。它不仅突破了传统视觉感知范式的性能瓶颈，还能够高效应对各种极端场景，确保系统的稳定性和安全性。该项研究的论文《面向开放世界感知、具有互补通路的视觉芯片》登上《自然》杂志封面，标志着中国芯片领域在类脑计算和类脑感知两个重要方向上均已取得基础性突破。

项目实施——纽扣检测与计数

1. 图像预处理

步骤1　导入本项目所需的OpenCV库。

纽扣检测与计数

步骤2　定义原图像文件存放位置变量 img_path，然后读取原图像文件，并显示原图像。

步骤3　对原图像进行高斯滤波，滤波模板大小为 5×5，滤波模板在水平方向的标准差为 0。

步骤4　调用 cv2.cvtColor()函数将图像的色彩空间从 BGR 转换为 GRAY。

步骤5　对图像进行二值化阈值处理，阈值为 250，最大值为 255，并显示二值化阈值处理后的图像。

指点迷津

开始编写程序前，须将本书配套素材"Resources/Buttons.png"文件复制到当前工作目录的"Resources/"文件夹（若该文件夹不存在，须新建）中，也可将其放于其他盘，如果放于其他盘，读取数据文件时要指定相应路径。

【参考代码】

```python
import cv2                                    #导入OpenCV库
img_path="Resources/Buttons.png"
src=cv2.imread(img_path)                      #读取图像
cv2.imshow("Input",src)                       #显示原图像
oriImg=cv2.GaussianBlur(src,(5,5),0)          #高斯滤波
#将图像的色彩空间从BGR转换为GRAY
img=cv2.cvtColor(oriImg,cv2.COLOR_BGR2GRAY)
#二值化阈值处理
ret,img=cv2.threshold(img,250,255,cv2.THRESH_BINARY_INV)
cv2.imshow("Mask",img)                        #显示二值化阈值处理后的图像
```

【运行结果】　原图像如图 6-14 所示，二值化阈值处理后的图像如图 6-15 所示。

图 6-14　原图像

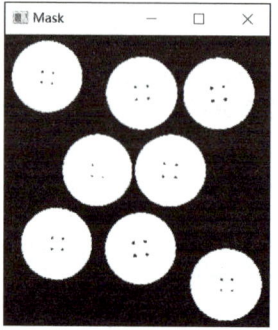
图 6-15　二值化阈值处理后的图像

2. 形态学变换

步骤 1 调用 cv2.getStructuringElement()函数创建结构元素 kernel，其形状为矩形，大小为 3×3。

步骤 2 使用结构元素 kernel 对预处理后的图像先进行膨胀运算，再进行腐蚀运算，去除可能影响结果的噪声，并显示膨胀和腐蚀运算后的图像。

步骤 3 对膨胀和腐蚀运算后的图像进行形态学梯度运算，以便获得图像的边缘，并显示形态学梯度运算后的图像。

【参考代码】

```
#创建结构元素
kernel=cv2.getStructuringElement(cv2.MORPH_RECT,(3,3))
img=cv2.dilate(img,kernel,iterations=1)      #进行膨胀运算
img=cv2.erode(img,kernel,iterations=1)       #进行腐蚀运算
cv2.imshow("Morphology",img)                 #显示膨胀和腐蚀运算后的图像
#进行形态学梯度运算
edges=cv2.morphologyEx(img,cv2.MORPH_GRADIENT,kernel)
cv2.imshow("Edges",edges)                    #显示形态学梯度运算后的图像
```

【运行结果】 膨胀和腐蚀运算后的图像如图 6-16 所示，形态学梯度运算后的图像如图 6-17 所示。

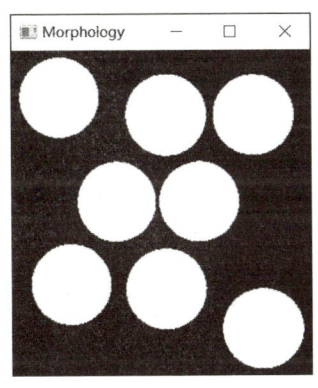
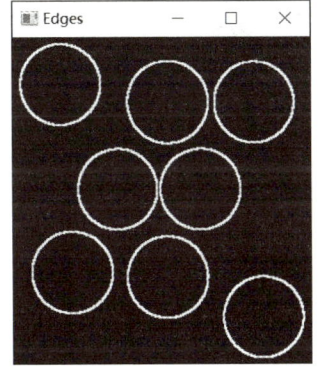

图 6-16　膨胀和腐蚀运算后的图像　　　图 6-17　形态学梯度运算后的图像

3. 轮廓查找与计数

步骤 1 调用 cv2.findContours()函数查找图像中的轮廓。

步骤 2 循环判断检测到的轮廓的圆形度，筛选出可能的纽扣，同时在原图像上为检测到的纽扣绘制矩形框，并显示绘制了矩形框的图像。

步骤 3 通过计算矩形框的数量来统计纽扣的数量，并显示纽扣的数量。

步骤 4 窗口等待，按任意键继续，并释放所有窗口。

【参考代码】

```
#查找轮廓
contours,hierarchy=cv2.findContours(edges,cv2.RETR_EXTERNAL,
cv2.CHAIN_APPROX_SIMPLE)
#筛选轮廓
for contour in contours:
    x,y,w,h=cv2.boundingRect(contour)
    #对长宽比进行限制, 以确定图形是否为圆形或者类圆形
    if w/h>0.7and w/h<1.3:
        #在原图像上绘制矩形框
        cv2.rectangle(src,(x, y),(x+w, y+h),(0,0,255))
cv2.imshow("Image",src)            #显示带矩形框的图像
num_buttons=len(contours)          #通过矩形框的数量来统计纽扣的数量
print(f'检测到图像中纽扣的数量: {num_buttons}')
cv2.waitKey()                      #窗口等待, 按任意键继续
cv2.destroyAllWindows()            #释放所有窗口
```

【运行结果】 带矩形框的图像如图 6-18 所示,检测到图像中纽扣的数量如图 6-19 所示。

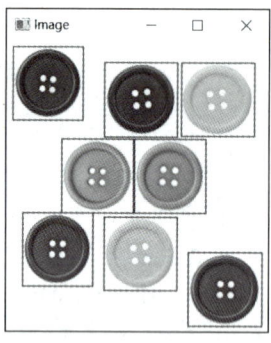

图 6-18 带矩形框的图像　　图 6-19 检测到图像中纽扣的数量

项目实训

1. 实训目的

(1) 熟练使用 OpenCV 进行图像的阈值处理。

(2) 熟练使用 OpenCV 进行图像的形态学变换。

(3) 熟练使用 OpenCV 进行图像轮廓的查找。

2. 实训内容

使用 OpenCV 中的阈值处理和形态学变换函数，将图像"coin.png"（见本书配套素材"Train\coin.png"）中的硬币用矩形框起来，并统计图像中硬币的数量。

（1）图像预处理。

① 导入本项目所需的 OpenCV 库。

② 读取原图像，并显示原图像。

③ 对原图像进行高斯滤波，滤波模板大小为 5×5，滤波模板在水平方向的标准差为 0。

④ 调用 cv2.cvtColor()函数将图像的色彩空间从 BGR 转换为 GRAY。

⑤ 对图像进行 Otsu 阈值处理，阈值为 0，最大值为 255，并显示 Otsu 阈值处理后的图像。

（2）形态学变换。

① 调用 cv2.getStructuringElement()函数创建结构元素 kernel，其形状为矩形，大小为 3×3。

② 使用结构元素 kernel，对预处理后的图像先进行膨胀运算，再进行腐蚀运算，去除可能影响结果的噪声，并显示膨胀和腐蚀运算后的图像。

③ 使用结构元素 kernel，对膨胀和腐蚀运算后的图像进行形态学梯度运算，以便获得图像的边缘，并显示形态学梯度运算后的图像。

（3）轮廓查找与计数。

① 调用 cv2.findContours()函数查找图像中的轮廓，轮廓查找的模式为 cv2.RETR_EXTERNAL，轮廓的保存方式为 cv2.CHAIN_APPROX_SIMPLE。

② 循环判断检测到的轮廓的圆形度，筛选出可能的硬币，同时在原图像上为检测到的硬币绘制矩形框，并显示绘制了矩形框的图像。

③ 通过计算矩形框的数量来统计硬币的数量，并显示硬币的数量。

④ 设置窗口等待功能，按任意键释放所有窗口。

3. 实训小结

按要求完成实训内容，并将实训过程中遇到的问题和解决办法记录在表 6-5 中。

表 6-5 实训过程

序 号	主要问题	解决办法
1		
2		
3		

项目总结

完成本项目的学习与实践后，请总结应掌握的重点内容，并将图 6-20 中的空白处填写完整。

```
物体检测与计数
├── 阈值处理
│   ├── 全局阈值处理
│   │   ├── 全局阈值处理函数为（    ）
│   │   ├── 阈值处理类型为 cv2.THRESH_BINARY，表示（    ）
│   │   ├── 阈值处理类型为 cv2.THRESH_BINARY_INV，表示（    ）
│   │   ├── 阈值处理类型为 cv2.THRESH_TOZERO，表示（    ）
│   │   ├── 阈值处理类型为 cv2.THRESH_TOZERO_INV，表示（    ）
│   │   └── 阈值处理类型为 cv2.THRESH_TRUNC，表示（    ）
│   ├── Otsu阈值处理
│   │   ├── Otsu 阈值处理根据图像的直方图自动选择一个阈值，使得前景和背景的类内方差最小，类间方差最大
│   │   └── 在 OpenCV 中，使用 cv2.threshold() 函数实现 Otsu 阈值处理时，需要将阈值处理类型参数 type 加上 "cv2.THRESH_OTSU"，同时将用于设置阈值的参数 thresh 设置为（    ），表明函数会自动计算最佳阈值，不需要手动设置阈值
│   └── 自适应阈值处理
│       ├── 自适应阈值处理通过计算每个像素周围邻近区域的灰度值的加权平均值获得阈值，并使用该阈值对当前像素进行阈值处理
│       └── 自适应阈值处理函数为（    ）
└── 形态学变换
    ├── 形态学变换基础
    │   ├── 形态学变换的基础是集合运算
    │   └── 在 OpenCV 中，可以使用自定义矩阵来定义结构元素，也可以使用（    ）函数来创建结构元素
    ├── 腐蚀与膨胀
    │   ├── 腐蚀运算函数为（    ）
    │   └── 膨胀运算函数为（    ）
    ├── 开运算和闭运算
    │   ├── 开运算是用同一结构元素对图像先进行（    ）运算，再对结果图像进行（    ）运算
    │   └── 闭运算是用同一结构元素对图像先进行（    ）运算，再对结果图像进行（    ）运算
    └── 形态学其他运算
        ├── 形态学运算函数为（    ）
        ├── 形态学梯度运算是指在原图像上应用膨胀运算和腐蚀运算，然后将两个结果图像相减。这个过程可以得到图像中物体的（    ）
        ├── 顶帽运算是原图像减去图像（    ）的结果图像
        └── 黑帽运算是图像（    ）的结果图像减去原图像
```

图 6-20 项目总结

项目考核

1．选择题

（1）将灰度图像或彩色图像转换为二值图像的技术为（   ）。

　　A．阈值处理　　B．形态学变换　　C．高斯滤波　　D．色彩分离

（2）使用 cv2.threshold() 函数进行二值化阈值处理时，将大于阈值的像素灰度值设置为（   ）。

　　A．最大值　　B．0　　C．1　　D．127

（3）使用 cv2.threshold()函数进行阈值处理时，阈值处理类型为 cv2.THRESH_TOZERO_INV 表示进行（　　）。

　　A．二值化阈值处理　　　　　　B．反二值化阈值处理
　　C．低阈值零处理　　　　　　　D．超阈值零处理

（4）下列关于形态学梯度运算的描述中，正确的是（　　）。

　　A．形态学梯度运算是使用同一结构元素先对图像进行腐蚀运算，再对结果图像进行膨胀运算
　　B．形态学梯度运算是使用同一结构元素先对图像进行膨胀运算，再对结果图像进行腐蚀运算
　　C．形态学梯度运算是在原图像上应用膨胀操作和腐蚀操作，然后将两个结果图像相减
　　D．形态学梯度运算是在原图像上应用膨胀操作和腐蚀操作，然后将两个结果图像相加

（5）下列关于腐蚀运算的描述中，正确的是（　　）。

　　A．腐蚀运算使图像中的目标"粗化"
　　B．腐蚀运算使图像中的目标"细化"
　　C．腐蚀运算使图像中的目标变得清晰
　　D．腐蚀运算使图像中的目标变得模糊

2．填空题

（1）使用 cv2.threshold()函数进行反二值化阈值处理时，将大于阈值的像素灰度值设置为_____。

（2）低阈值零处理是将小于或等于阈值的像素灰度值设置为_____，大于阈值的像素灰度值_____。

（3）截断阈值处理是将图像中大于阈值的像素灰度值变为和阈值一样的值，小于或等于阈值的像素灰度值_____。

（4）开运算是使用同一结构元素，先进行_____（腐蚀、膨胀）运算，再进行_____（腐蚀、膨胀）运算。

（5）闭运算是使用同一结构元素，先进行_____（腐蚀、膨胀）运算，再进行_____（腐蚀、膨胀）运算。

（6）顶帽运算是原图像与其开运算结果图像之_____（和、差、积、商）。

3．简答题

（1）在 OpenCV 中，如何实现 Otsu 阈值处理？
（2）什么是形态学变换？它的基本运算有哪些？

项目评价

结合本项目的学习情况，完成项目评价，并将评价结果填入表 6-6 中。

表 6-6　项目评价

评价项目	评价内容	评价分数			
		分值	自评	互评	师评
项目完成度评价（20%）	项目准备阶段，回答问题是否清晰准确，能够紧扣主题，没有明显错误	5 分			
	项目实施阶段，是否能够根据操作步骤完成本项目	5 分			
	项目实训阶段，是否能够出色完成实训内容	5 分			
	项目总结阶段，是否能够正确地将项目总结的空白信息补充完整	2 分			
	项目考核阶段，是否能够正确地完成考核题目	3 分			
知识评价（30%）	是否理解图像阈值处理的概念及其用途	2 分			
	是否掌握图像阈值处理中常用方法的基本原理	5 分			
	是否了解图像形态学变换的基础知识	5 分			
	是否掌握腐蚀和膨胀的基本原理	10 分			
	是否了解开运算和闭运算的基本原理	5 分			
	是否了解形态学梯度运算、顶帽运算和黑帽运算的基本概念	3 分			
技能评价（30%）	是否能够使用 OpenCV 进行图像的阈值处理	15 分			
	是否能够使用 OpenCV 进行图像的形态学变换	15 分			
素养评价（20%）	是否能够遵守课堂纪律，上课精神是否饱满	5 分			
	是否具有自主学习意识，做好课前准备	5 分			
	是否善于思考，积极参与，勇于提出问题	5 分			
	是否具有团队合作精神，出色完成小组任务	5 分			
合计	综合分数_____自评（25%）+互评（25%）+师评（50%）	100 分			
	综合等级_____	指导老师签字_____			
综合评价（创新、进步及不足）					

项目 7

图像拼接

项目目标

知识目标

- 了解高斯金字塔和拉普拉斯金字塔的概念及构建方法。
- 掌握常用的特征检测算法及其优缺点。
- 掌握常用的特征匹配算法及其优缺点。
- 了解图像透视变换的原理。

技能目标

- 能够使用 OpenCV 构建高斯金字塔和拉普拉斯金字塔。
- 能够使用 OpenCV 进行图像的特征检测。
- 能够使用 OpenCV 进行图像的特征匹配。
- 能够使用 OpenCV 进行图像的透视变换。

素养目标

- 培养团队协作的意识和一专多能的职业素养。
- 养成脚踏实地、好学上进、拼搏创新、科学严谨的工作作风。

项目描述

图像拼接是指将拍摄到的具有重叠区域的若干幅图像（可能是不同时间、不同视角或者不同传感器获得的）拼接成一幅无缝全景图。小旌了解到，要实现图像拼接，首先需要进行图像特征点的检测和匹配，然后进行透视变换得到无缝全景图，他决定尝试一下。

小旌打算对拍摄的两幅不同角度的风景图像进行图像拼接。首先，他使用 SIFT 特征检测算法找到每幅图像中的特征点，然后使用 KNN 算法进行特征匹配，以便快速地在两幅图像之间建立对应关系，最后，利用透视变换矩阵进行透视变换，完成图像拼接。

项目分析

按照项目要求，将风景图像全景拼接的步骤分解如下。

第 1 步：图像特征检测。读取需要拼接的两幅图像，并检测、计算和绘制两幅图像的特征点。

第 2 步：图像特征匹配。创建 BFMatcher 对象，然后使用 BFMatcher 对象调用方法 knnMatch() 进行特征匹配，并对匹配结果进行筛选。

第 3 步：图像透视变换与拼接。首先计算透视变换矩阵，然后利用透视变换矩阵进行透视变换，并进行图像拼接。

为了实现风景图像全景拼接，本项目将对相关知识进行介绍，包括图像金字塔的构建的方法，图像特征检测的算法，图像特征匹配的方法，以及图像透视变换的原理。

项目准备

全班学生以 3~5 人为一组进行分组，各组选出组长。组长组织组员扫码观看"图像特征检测与匹配的应用"视频，讨论并回答下列问题。

问题 1：什么是图像特征检测与匹配。

问题 2：简述图像特征检测与匹配的应用领域。

图像特征检测
与匹配的应用

7.1 图像金字塔

图像金字塔是由一幅图像的多个不同分辨率的图像所构成的图像集合。该组图像是由单个图像通过不断采样产生的。在图像金字塔中,通常将分辨率最高的图像放在底部,分辨率最低的图像放在顶部,将一层层的图像堆积在一起比喻成金字塔,如图 7-1 所示。

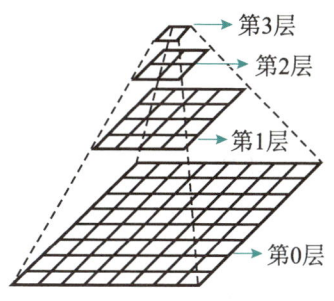

图 7-1　图像金字塔

图像金字塔通常应用于一些特别的图像处理与分析任务中。例如,在一项任务中,需要查找一幅图像中的某个人脸目标,但不知道目标在输入图像中的尺寸。在这种情况下,可以创建一组相同图像、不同尺寸的图像集,以提高匹配的准确率。图像金字塔一般分为高斯金字塔与拉普拉斯金字塔两种。

7.1.1　高斯金字塔

高斯金字塔是通过不断地进行高斯滤波和下采样操作构建的金字塔。金字塔的层级越高,图像越小。为了获得第 $i+1$ 层的金字塔图像,首先需要对第 i 层图像进行高斯滤波,得到图像的近似图像,然后删除所有的偶数行和列,重复以上过程,即可构成高斯金字塔。

例如,对于一幅大小为 $N×M$ 的图像,进行一次下采样后,得到的图像大小为 $N/2×M/2$,只有原图像的 1/4。

指点迷津

下采样是由高分辨率的图像(大尺寸)产生低分辨率的近似图像(小尺寸)。上采样则相反,是由低分辨率的图像(小尺寸)产生高分辨率的近似图像(大尺寸)。

1. 下采样函数

OpenCV 提供的 cv2.pyrDown() 函数用于实现高斯金字塔中的下采样操作,其格式如下。
dst=cv2.pyrDown(src[,dstsize[,borderType]])

其中，dst 表示输出图像；src 表示原始图像；dstsize 表示输出图像大小，为可选参数，默认情况下，输出图像的行和列会变为原始图像行和列的 1/2，输出图像会变成原图像的 1/4；borderType 表示边界样式，即以何种方式处理边界，为可选参数，默认为 cv2.BORDER_DEFAULT。

2. 上采样函数

上采样是将小图像不断放大的过程。对图像进行上采样时，首先在每个像素的右侧和下方分别插入值为零的列和行，得到一个偶数行和偶数列（即新增的行和列）值为零的新图像，然后将下采样时所使用的高斯滤波模板系数乘以 4，并使用该滤波模板对图像进行滤波，得到上采样的结果图像。

OpenCV 提供的 cv2.pyrUp() 函数用于实现高斯金字塔中的上采样操作，其格式如下。

```
dst=cv2.pyrUp(src[,dstsize[,borderType]])
```

其中，dstsize 表示输出图像的大小，为可选参数，默认情况下，输出图像的行和列会变为原始图像行和列的 2 倍，输出图像会变成原始图像的 4 倍；其余参数与 cv2.pyrDown() 函数的参数相同，此处不再赘述。

【例 7-1】编写程序，使用 OpenCV 将图像"build.png"（见本书配套素材"例题图像/build.png"）先进行 3 次下采样操作，再进行 3 次上采样操作，然后显示原图像和采样后的图像。

【参考代码】

```python
import cv2                              #导入 OpenCV 库
img=cv2.imread("build.png")             #读取原图像
cv2.imshow('org_image',img)             #显示原图像
img1=img.copy()
for i in range(3):                      #循环，进行 3 次下采样
    img1=cv2.pyrDown(img1)              #下采样
    cv2.imshow('pyrDown_image'+str(i),img1)    #显示采样后的图像
img2=img1.copy()                        #基于下采样结果图像进行上采样
for i in range(3):                      #循环，进行 3 次上采样
    img2=cv2.pyrUp(img2)                #上采样
    cv2.imshow('pyrUp_image'+str(i),img2)      #显示采样后的图像
cv2.waitKey()                           #窗口等待，按任意键继续
cv2.destroyAllWindows()                 #释放所有窗口
```

【运行结果】 程序运行结果如图 7-2 所示。从结果中可以看出，上采样并不是下采样的逆运算，下采样的图像经过上采样后，不能恢复图像的清晰度。

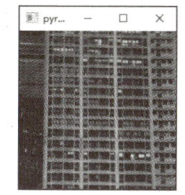

（a）原图像　　　（b）第1次下采样　　（c）第2次下采样　　（d）第3次下采样

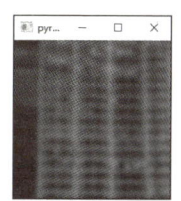
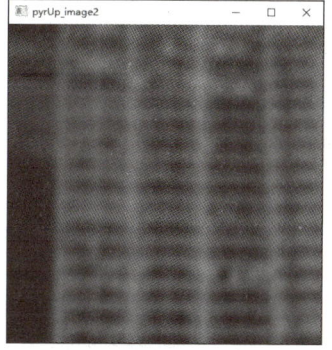

（e）第1次上采样　　（f）第2次上采样　　　　（g）第3次上采样

图 7-2　例 7-1 程序运行结果

7.1.2 拉普拉斯金字塔

一幅图像在经过下采样操作后，再对其进行上采样操作，是无法恢复原始图像的。为了在上采样操作过程中恢复具有较高分辨率的原始图像，需要获取在采样过程中所丢失的信息。为了描述这些信息，人们定义了拉普拉斯金字塔。

拉普拉斯金字塔的第 i 层图像是用高斯金字塔的第 i 层图像减去第 $i+1$ 层图像的上采样图像，得到的差值图像，其公式如下。

$$L_i = G_i - \text{pyrUp}(G_{i+1})$$

其中，G_i 和 G_{i+1} 分别表示高斯金字塔的第 i 层和第 $i+1$ 层图像；pyrUp()表示上采样函数；L_i 表示拉普拉斯金字塔的第 i 层图像。

【例 7-2】　编写程序，使用 OpenCV 为图像 "build.png"（见本书配套素材 "例题图像/build.png"）构建两层拉普拉斯金字塔，然后使用拉普拉斯图像恢复原图像，并显示原图像、拉普拉斯图像和恢复的图像。

【参考代码】

```
import cv2                              #导入OpenCV库
image=cv2.imread("build.png")           #读取原图像
cv2.imshow('Input',image)               #显示原图像
G1=cv2.pyrDown(image)                   #第1次下采样
G2=cv2.pyrDown(G1)                      #第2次下采样
L0=cv2.subtract(image,cv2.pyrUp(G1))    #构建拉普拉斯金字塔
L1=cv2.subtract(G1,cv2.pyrUp(G2))
cv2.imshow('Lap_image0',L0)             #显示第0层拉普拉斯图像
cv2.imshow('Lap_image1',L1)             #显示第1层拉普拉斯图像
G00=L0+cv2.pyrUp(G1)                    #恢复原图像
cv2.imshow('Restore',G00)               #显示恢复的图像
cv2.waitKey()                           #窗口等待,按任意键继续
cv2.destroyAllWindows()                 #释放所有窗口
```

【运行结果】 程序运行结果如图 7-3 所示。

(a) 原图像　　　　　　　　(b) 第 0 层拉普拉斯金字塔图像

(c) 第 1 层拉普拉斯金字塔图像　　(d) 使用拉普拉斯金字塔恢复的图像

图 7-3　例 7-2 程序运行结果

项目 7 图像拼接

> **高手点拨**
>
> 在构建拉普拉斯金字塔的过程中,如果图像的尺寸不满足长、宽均为 2 的整数次幂,很可能会报错,因为每次下采样,长和宽都要除以 2,除不尽的时候就会报错。

7.2 特征检测与匹配

图像特征是指图像中具有独特性和易于识别性的区域或属性。例如,角点、斑点及高密度区域均属于较好的特征,而低密度区域(如图像中的蓝色天空)则不属于好的特征。

图像特征检测与匹配是计算机视觉中重要的研究方向,它在目标识别与定位、图像拼接、运动跟踪、图像检索等领域有着广泛的应用。

7.2.1 特征检测

常用的特征检测算法有 SIFT 算法和 ORB 算法。

1. SIFT 算法

尺度不变特征转换(scale-invariant feature transform, SIFT)算法用于检测和描述图像中的局部性特征。SIFT 算法对图像的大小和旋转不敏感,对光照和噪声等影响的抗击能力也很强,因此,其具有广泛的应用。

在 OpenCV 中,使用 SIFT 算法检测、计算并绘制输入图像中特征点的一般操作步骤如下。

(1)读取输入图像,并使用 cv2.cvtColor()函数将输入图像转换为灰度图像。

(2)调用 cv2.SIFT_create()方法创建 SIFT 对象。cv2.SIFT_create()方法的格式如下。

```
sift=cv2.SIFT_create([,nfeatures=0[,nOctaveLayers=3[,
contrastThreshold=0.04[,edgeThreshold=10[,sigma=1.6]]]]])
```

其中,sift 表示创建的 SIFT 对象;nfeatures 表示特征点数量,即算法对检测出的特征点进行排名,返回最好的特征点数量,为可选参数,默认为 0;nOctaveLayers 表示高斯差分金字塔中每组的层数,为可选参数,默认为 3;contrastThreshold 表示过滤掉较差特征点的阈值,其值越大,返回的特征点越少,为可选参数,默认为 0.04;edgeThreshold 表示过滤掉边缘特征的阈值,其值越大,过滤掉的特征点越少,保留的特征点越多,为可选参数,默认为 10;sigma 表示高斯差分金字塔第 0 层图像高斯滤波系数,为可选参数,默认为 1.6。

(3)调用 detect()方法检测图像中的特征点,在灰度图像中检测并返回特征点 kp。detect()方法的格式如下(假设已经创建了 SIFT 的对象 sift)。

```
kp=sift.detect(image[,mask=None])
```

其中，kp 表示检测到的特征点；image 表示待检测图像，通常为灰度图像；mask 表示掩模图像，为可选参数，默认为 None，即不使用掩模图像。

（4）调用 cv2.drawKeypoints()函数在图像上绘制检测到的特征点 kp。cv2.drawKeypoints()函数的格式如下。

```
cv2.drawKeypoints(image,keypoints[,outImage[,color[,flags]]])
```

其中，image 表示输入图像；keypoints 表示特征点信息的列表，通常为特征检测算法（如 SIFT 算法、ORB 算法等）检测得到；outImage 表示绘制特征点后的画布图像，为可选参数，默认情况下，函数会直接在输入图像上绘制特征点；color 表示绘制特征点的颜色，为可选参数，默认情况下，特征点以随机颜色绘制；flags 表示绘制特征点的模式，为可选参数。

（5）调用 compute()方法，计算特征点对应的 SIFT 特征向量。compute()方法的格式如下（假设已经创建了 SIFT 的对象 sift）。

```
kp,des=sift.compute(image,keypoints)
```

其中，kp 表示检测到的特征点；des 表示计算出的特征向量；image 表示待检测图像，通常为灰度图像；keypoints 表示特征点信息的列表，通常为特征检测算法（如 SIFT 算法、ORB 算法等）检测得到。

高手点拨

OpenCV 还提供了 detectAndCompute(image[,mask])方法，该方法能够检测特征点并计算特征点的特征向量。须使用特征检测对象调用（如创建的 SIFT 对象）该方法，方法返回值为特征点和特征向量。其中，image 表示待检测图像，通常为灰度图像；mask 表示掩模图像，为可选参数，默认为 None，即不使用掩模图像。

【例 7-3】 编写程序，使用 SIFT 算法检测、计算并绘制图像"build.png"（见本书配套素材"例题图像/build.png"）的特征点。

【参考代码】

```
import cv2                                    #导入 OpenCV 库
import numpy as np                            #导入 NumPy 库
img=cv2.imread("build.png")                   #读取原图像
cv2.imshow('Input',img)                       #显示原图像
gray=cv2.cvtColor(img,cv2.COLOR_BGR2GRAY)
sift=cv2.SIFT_create()                        #创建 SIFT 对象
kp=sift.detect(gray)                          #检测特征点
img=cv2.drawKeypoints(gray,kp,img)            #绘制特征点
cv2.imshow('drawKeypoints',img)               #显示绘制特征点的图像
kp,des=sift.compute(gray,kp)                  #计算特征点的特征向量
```

```
print("kp.shape:",np.shape(kp))           #显示特征点数量
print("des.shape:",np.shape(des))         #显示特征向量形状
cv2.waitKey()                             #窗口等待，按任意键继续
cv2.destroyAllWindows()                   #释放所有窗口
```

【运行结果】　程序运行结果如图 7-4 所示。从结果中可以看出，在图像中检测到 3 788 个 SIFT 特征点，每个特征的维度为 128。

（a）原图像　　　　（b）绘制特征点后的图像　　　　（c）图像 SIFT 特征向量的形状

图 7-4　例 7-3 程序运行结果

2．ORB 算法

ORB（oriented FAST and rotated BRIEF）算法是一种对图像中特征点进行检测并计算特征向量的算法。该算法继承了 FAST 算法和 BRIEF 算法的优点，即计算效率高、占用空间小、适用于实时场景等。

> **高手点拨**
>
> FAST 算法是一种角点检测算法，它通过比较像素点的亮度来检测图像中的角点。BRIEF 算法是一种二进制特征向量创建算法，它通过比较图像中的像素对来生成二元特征向量。

ORB 算法还对 FAST 算法和 BRIEF 算法进行了如下改进和优化，以获得更好的特征检测性能。

（1）为了实现尺度不变性，ORB 算法首先构建高斯金字塔，然后使用 FAST 算法从每个层级不同大小的图像中检测出特征点。通过确定每个层级图像的特征点，ORB 算法能够有效地检测出不同尺寸的对象的特征点，以实现部分缩放不变性。

（2）为了保证特征点的旋转不变性，ORB 算法在 FAST 算法和 BRIEF 算法的计算中都引入了方向的概念。

OpenCV 提供的 cv2.ORB_create()方法用于创建 ORB 对象，其格式如下。

```
orb=cv2.ORB_create([nfeatures=500[,scaleFactor=1.2[,
nlevels=8[,edgeThreshold=31[,firstLevel=0]]]]])
```

其中，orb 表示创建的 ORB 对象；nfeatures 表示需要检测的最大特征点数，为可选参数，默认为 500；scaleFactor 表示金字塔中相邻层之间的缩放因子，为可选参数，其值必须大于 1，默认为 1.2；nlevels 表示金字塔层数，为可选参数，默认为 8；edgeThreshold 表示边缘阈值，为可选参数，默认为 31；firstLevel 表示原图像所在的金字塔级数，为可选参数，默认为 0。

【例 7-4】 编写程序，使用 ORB 算法检测、计算并绘制图像"build.png"（见本书配套素材"例题图像/build.png"）的特征点，要求特征点数量为 2 000。

【参考代码】

```
import cv2                                    #导入 OpenCV 库
import numpy as np                            #导入 NumPy 库
img=cv2.imread("build.png")                   #读取原图像
cv2.imshow('Input',img)                       #显示原图像
gray=cv2.cvtColor(img,cv2.COLOR_BGR2GRAY)
orb=cv2.ORB_create(nfeatures=2000)            #创建 ORB 对象
kp,des=orb.detectAndCompute(gray,None)        #检测并计算特征点
img=cv2.drawKeypoints(gray,kp,img)            #绘制特征点
cv2.imshow('drawKeypoints',img)               #显示绘制特征点的图像
print("kp.shape:",np.shape(kp))               #显示特征点数量
#显示特征向量形状
print("des.shape:",np.shape(des))
cv2.waitKey()                                 #窗口等待，按任意键继续
cv2.destroyAllWindows()                       #释放所有窗口
```

【运行结果】 程序运行结果如图 7-5 所示。从结果中可以看出，在图像中检测到 2 000 个 ORB 特征点，每个特征的维度为 32。

图 7-5 的彩色图像

```
kp.shape: (2000,)
des.shape: (2000, 32)
```

（a）原图像　　（b）绘制特征点后的图像　　（c）图像 ORB 特征向量的形状

图 7-5　例 7-4 程序运行结果

7.2.2 特征匹配

为了寻找两幅图像中相互匹配的特征点，需要对两幅图像的特征向量进行比对，特征向量的差别越小，就认为对应的两个特征点的匹配程度越高。常用的特征匹配算法有暴力匹配算法、KNN 算法和 FLANN 算法等。

1. 暴力匹配算法

暴力匹配（Brute-Force, BF）算法的基本原理：在第一幅图像（查询图像）中选取一个特征点的特征向量，依次与第二幅图像（训练图像）的每个特征点的特征向量进行距离计算，返回与其距离最近的特征点，组成一个匹配对象（DMatch 对象），第一幅图像中所有的特征点遍历完成后，即可得到所有匹配。

每个 DMatch 对象包含每个匹配成功特征点对的 4 个属性如下。

（1）DMatch.distance：查询图像与训练图像之间的距离，该距离越小，表明匹配质量越好。

（2）DMatch.trainIdx：训练图像描述符的索引值，即当前描述符在训练图像特征向量中的索引值。

（3）DMatch.queryIdx：查询图像描述符的索引值，即当前描述符在查询图像特征向量中的索引值。

（4）DMatch.imgIdx：训练图像的索引值。

> **高手点拨**
>
> 在计算图像 A 是否包含图像 B 的特征区域时，将图像 A 称为训练图像，将图像 B 称为查询图像。

在 OpenCV 中，使用暴力匹配算法进行特征匹配的一般操作步骤如下。

（1）读取输入图像，并调用 cv2.cvtColor()函数将输入图像转换为灰度图像。

（2）创建特征检测对象（如 SIFT 对象或 ORB 对象）。

（3）检测并计算特征点。

（4）调用 cv2.BFMatcher()方法创建 BFMatcher 对象。cv2.BFMatcher()方法格式如下。

`matcher=cv2.BFMatcher([,normType=cv2.NORM_L2[,crossCheck=False]])`

其中，matcher 表示创建的 BFMatcher 对象；normType 表示要使用的距离测量方式，为可选参数，默认为 cv2.NORM_L2，适用于 SIFT 算法，NORM_HAMMING 适用于 ORB 算法；crossCheck 表示是否启用交叉检查，为可选参数，默认为 False。

（5）调用 match()方法在两个特征向量之间进行特征匹配，match()方法的格式如下（假设已经创建了 BFMatcher 的对象 matcher）。

`matches=matcher.match(queryDescriptors,trainDescriptors[,mask=None])`

其中，matches 表示最佳匹配结果，为 DMatch 对象元组；queryDescriptors 表示查询图像的特征向量；trainDescriptors 表示训练图像的特征向量；mask 表示掩模图像，为可选参数，默认为 None，即不使用掩模图像。

（6）调用 cv2.drawMatches()函数绘制图像中匹配的特征点，cv2.drawMatches()函数的格式如下。

```
cv2.drawMatches(img1,keypoints1,img2,keypoints2,matches1to2,
outImg[,matchColor[,singlePointColor[,matchesMask[,flags]]]])
```

其中，img1 表示查询图像；keypoints1 表示 img1 的特征点；img2 表示训练图像；keypoints2 表示 img2 的特征点；matches1to2 表示 img1 与 img2 的匹配结果；outImg 表示结果图像；matchColor 表示特征点和连接线的颜色，为可选参数，默认情况下，使用随机颜色绘制；singlePointColor 表示单个特征点的颜色，为可选参数，默认情况下，使用随机颜色绘制；matchesMask 表示掩模图像，为可选参数，默认情况下，绘制所有匹配结果；flags 表示绘制图像特征点的标志，为可选参数，默认为 cv2.DrawMatchesFlags_DEFAULT。

【例 7-5】 编写程序，首先使用 SIFT 算法检测和计算图像"left_01.jpg"和"right_01.jpg"（见本书配套素材"例题图像/left_01.jpg"和"例题图像/right_01.jpg"）的特征点，然后使用暴力匹配算法进行特征匹配，并显示匹配结果图像。

【参考代码】

```
import cv2                                    #导入 OpenCV 库
def detectAndDescribe(image):                 #定义函数，检测和计算特征点
    gray=cv2.cvtColor(image,cv2.COLOR_BGR2GRAY)
    sift=cv2.SIFT_create()                    #创建 SIFT 对象
    kp,des=sift.detectAndCompute(gray,None)   #检测并计算特征点
    return image,kp,des
imgA=cv2.imread("left_01.jpg")                #读取原图像
imgB=cv2.imread("right_01.jpg")
#调用函数，检测并计算特征点
imgA,kpA,desA=detectAndDescribe(imgA)
imgB,kpB,desB=detectAndDescribe(imgB)
matcher=cv2.BFMatcher(cv2.NORM_L2)            #创建 BFMatcher 对象
rawMatches=matcher.match(desA,desB)           #特征匹配
#对 DMatch 对象的 distance 属性进行排序
rawMatches=sorted(rawMatches,key=lambda x:x.distance)
#绘制图像中匹配的特征点
out=cv2.drawMatches(imgA,kpA,imgB,kpB,rawMatches[:30],None)
```

```
#显示匹配结果图像
cv2.imshow('drawMatches',out)
cv2.waitKey()                    #窗口等待，按任意键继续
cv2.destroyAllWindows()          #释放所有窗口
```

【运行结果】 程序运行结果如图 7-6 所示。

图 7-6 的彩色图像

图 7-6 例 7-5 程序运行结果

2. KNN 算法

KNN 算法的大致流程和暴力匹配相同，唯一区别在于对于每个特征点的特征向量，都会返回前 k（$k>1$）个距离最近的特征点。

OpenCV 提供的 knnMatch() 方法用于进行 KNN 特征匹配，返回 k 个（k 值是由用户设定的）最佳匹配点，其格式如下。

```
matches=matcher.knnMatch(queryDescriptors,trainDescriptors,k[,mask])
```

其中，k 表示返回匹配特征点的数量；其余参数与 match() 函数中的参数一致，此处不再赘述。

高手点拨

使用 knnMatch() 方法进行特征匹配时，须先创建 BFMatcher 对象，然后使用 BFMatcher 对象调用该方法。

3. FLANN 算法

FLANN（fast library for approximate nearest neighbors）是目前较完整的快速近似最近邻开源库。它可以在高维空间中快速搜索近似最近邻点，使得它在特征匹配任务中具有较高的性能。在面对大数据集时，FLANN 算法的效果要好于 BF 算法，但由于它使用的是近似邻近值，所以匹配精度较差。

使用 FLANN 算法进行图像特征匹配时，首先需要创建 FLANN 匹配器对象，然后调用 match()方法或 knnMatch()方法进行特征匹配，最后使用 cv2.drawMatches()函数或 cv2.drawMatchesKnn()函数绘制匹配的特征点。

> **高手点拨**
>
> cv2.drawMatchesKnn()函数用于绘制图像中匹配的 k 个最近邻特征点。
> 在 FLANN 算法中，当使用 knnMatch()方法进行特征匹配时，须使用 cv2.drawMatchesKnn()函数绘制匹配的特征点。

OpenCV 提供的 cv2.FlannBasedMatcher()方法用于创建 FLANN 匹配器，其格式如下。

```
matcher=cv2.FlannBasedMatcher(index_params,search_params)
```

其中，matcher 表示创建的 FLANN 匹配器对象；index_params 和 search_params 均为字典类型，其键值根据用户指定的具体算法而变化。

index_params 用于指定索引树的算法类型和数量。SIFT 算法可以使用下列代码对 index_params 进行设置。

```
index_params=dict(algorithm=FLANN_INDEX_KDTREE,trees=5)
```

其中，algorithm 表示匹配算法为 FLANN_INDEX_KDTREE（又称随机 KDTREE）；trees 表示随机 KDTREE 的层数。

ORB 算法可以使用下列代码对 index_params 进行设置。

```
index_params=dict(algorithm=FLANN_INDEX_LSH,table_number=6,
key_size=12,multi_probe_level=1)
```

其中，algorithm 表示匹配算法为 FLANN_INDEX_LSH（局部敏感哈希算法）；table_number 表示哈希表的数量；key_size 表示哈希表键的位数；multi_probe_level 表示多路探测的级别。

search_params 用于指定索引树的遍历次数，遍历次数越多，匹配结果精度越高，但需要的时间也会更多，通常设置为 50 即可，其格式如下。

```
search_params=dict(checks=50)
```

【例 7-6】 编写程序，首先使用 SIFT 算法检测和计算图像 "left_01.jpg" 和 "right_01.jpg"（见本书配套素材 "例题图像/left_01.jpg" 和 "例题图像/right_01.jpg"）的特征点，然后使用 FLANN 算法进行特征匹配，并显示匹配结果图像。

【参考代码】

```
import cv2                              #导入OpenCV库
def detectAndDescribe(image):           #定义函数，检测和计算特征点
    gray=cv2.cvtColor(image,cv2.COLOR_BGR2GRAY)
    sift=cv2.SIFT_create()              #创建SIFT对象
```

```
    kp,des=sift.detectAndCompute(gray,None)    #检测并计算特征点
    return image,kp,des
imgA=cv2.imread("left_01.jpg")                  #读取原图像
imgB=cv2.imread("right_01.jpg")
#调用函数，检测和计算特征点
imgA,kpA,desA=detectAndDescribe(imgA)
imgB,kpB,desB=detectAndDescribe(imgB)
index_params=dict(algorithm=1,trees=5)          #定义 FLANN 参数
search_params=dict(checks=50)
#创建 FLANN 匹配器对象
flann=cv2.FlannBasedMatcher(index_params,search_params)
rawMatches=flann.knnMatch(desA,desB,k=2)#使用 KNN 算法进行特征匹配
ratio=0.7
#当最近距离与次近距离的比值小于 ratio 时，保留此匹配对
matches=[[m]for m,n in rawMatches if m.distance<ratio*n.distance]
#绘制匹配的特征点
out=cv2.drawMatchesKnn(imgA,kpA,imgB,kpB,matches[:50],None)
#显示匹配图像
cv2.imshow('drawMatches',out)
cv2.waitKey()                                   #窗口等待，按任意键继续
cv2.destroyAllWindows()                         #释放所有窗口
```

【运行结果】 程序运行结果如图 7-7 所示。

图 7-7 例 7-6 程序运行结果

素养之窗

北京航空航天大学的张宝昌教授主要致力于低功耗前端视觉感知技术的研究，连续4年入选爱思唯尔（Elsevier）中国高被引学者。

为了设计能够高效利用有限资源的智能感知系统，他的团队提出了可控视觉表征模型和调制卷积神经网络，提升了深度学习模型的端侧可用性和鲁棒性。在不懈的努力下，张宝昌教授及其研究团队改进了可学习Gabor调制核，提出了一系列单比特神经网络构建方法，成功证明了单比特神经网络的可行性，并顺利地将单比特神经网络嵌入到了华为Bolt系统中。

7.3 透视变换

透视变换是将图像投影到一个新的视平面的几何变换方法，又称投影映射。它能够将二维的图像投影到一个三维的视平面上，经过处理后，再转移到二维坐标中。

透视变换与仿射变换一样不属于刚性变换，它与仿射变换不同的地方在于：仿射变换虽然会改原图像的外部形状，但是原图像中相互平行的线在输出图像中依旧保持平行；而在透视变换的输出图像中，尽管其依旧可保持原图像中的直线不产生变形，但是输入图像中的平行线可能不再平行，不平行的线也可能会变平行。

对于平移、旋转、翻转等仿射变换，它们的变换矩阵是2×3的矩阵，而透视变换的变换矩阵是3×3的矩阵。

为了获得透视变换矩阵，需要在输入图像上找到4个点及其在输出图像中对应的位置坐标，且这4个点需要满足"任意3点都不能共线"的条件。OpenCV提供的cv2.getPerspectiveTransform()函数用于获取透视变换矩阵，其格式如下。

```
M=cv2.getPerspectiveTransform(src_pts,dst_pts)
```

其中，M表示3×3的透视变换矩阵，该矩阵应用于原图像，以实现从原四边形到目标四边形的透视变换；src_pts表示原四边形的4个顶点坐标，为4×2的NumPy数组，每一行代表一个顶点的(x,y)坐标；dst_pts表示目标四边形的4个顶点坐标，也是4×2的NumPy数组，格式与src_pts相同。

有了透视变换矩阵后，可使用OpenCV的cv2.warpPerspective()函数实现图像的透视变换，其格式如下。

```
dst=cv2.warpPerspective(src,M,dsize[,flags=INTER_LINEAR[,borderMode=BORDER_CONSTANT[,borderValue=(0,0,0)]]])
```

其中，dst表示输出图像，即透视变换后的图像；src表示原图像；M表示3×3的透视变换矩阵；dsize表示输出图像的大小；flags表示插值方式，为可选参数，其值可以为cv2.INTER_LINEAR、cv2.INTER_NEAREST、cv2.INTER_AREA、cv2.INTER_CUBIC和

cv2.INTER_LANCZOS4 等，默认为 cv2.INTER_LINEAR；borderMode 表示边界像素模式，为可选参数，其值可以为 cv2.BORDER_CONSTANT（常量边界）、cv2.BORDER_REPLICATE（边界像素值复制）、cv2.BORDER_REFLECT（边界像素值反射）和 cv2.BORDER_WRAP（边界像素值环绕）等，默认为 cv2.BORDER_CONSTANT；borderValue 表示当边界模式为 cv2.BORDER_CONSTANT 时，设置的边界颜色，为可选参数，默认为(0,0,0)，即黑色。

【例 7-7】 编写程序，使用 OpenCV 的 cv2.warpPerspective()函数对图像"book.png"（见本书配套素材"例题图像/book.png"）进行透视变换，并显示原图像和透视变换后的图像。

【参考代码】

```
import cv2                                  #导入 OpenCV 库
import numpy as np                          #导入 NumPy 库
image=cv2.imread('book.png')                #读取原图像
#定义原四边形和目标四边形的顶点坐标
src_pts=np.float32([[120,27],[352,37],[46,350],[315,370]])
dst_pts=np.float32([[50,50],[350,50],[50,350],[350,350]])
#获取透视变换矩阵
M=cv2.getPerspectiveTransform(src_pts,dst_pts)
#对图像进行透视变换
warped_image=cv2.warpPerspective(image,M,(400,400))
#显示原图像和透视变换后的图像
cv2.imshow('Input',image)
cv2.imshow('Perspective',warped_image)
cv2.waitKey()                               #窗口等待，按任意键继续
cv2.destroyAllWindows()                     #释放所有窗口
```

【运行结果】 程序运行结果如图 7-8 所示。

（a）原图像　　　　　　　　（b）透视变换后的图像

图 7-8　例 7-7 程序运行结果

项目实施——风景图像全景拼接

风景图像全景拼接

1. 图像特征检测

步骤 1 导入本项目所需的模块与包。

步骤 2 定义函数detectAndDescribe(),函数参数为图像image。该函数可检测、计算并绘制图像image的特征点。在函数体中,首先调用cv2.cvtColor()函数将图像的色彩空间从BGR转换为GRAY;然后创建SIFT对象,检测并计算图像的特征点;最后绘制图像的特征点,并返回绘制了特征点的图像、图像的特征点及特征点的特征向量。

步骤 3 读取进行图像拼接的两幅图像文件"left_02.png"和"right_02.png",并对两幅图像进行备份。

步骤 4 调用函数detectAndDescribe(),检测、计算并绘制两幅图像的特征点。

步骤 5 调用NumPy库的函数hstack()对已绘制特征点的两幅图像进行水平堆叠,并显示堆叠后的图像。

> **指点迷津**
>
> 开始编写程序前,须将本书配套素材"项目实施图像\Resources\left_02.png"和"项目实施图像\Resources\right_02.png"文件复制到当前工作目录下的"\Resources"文件夹中。

【参考代码】

```python
import cv2                                    #导入OpenCV库
import numpy as np                            #导入NumPy库
def detectAndDescribe(image):                 #定义函数,检测、计算并绘制特征点
    gray=cv2.cvtColor(image,cv2.COLOR_BGR2GRAY)
    sift=cv2.SIFT_create()                    #创建SIFT对象
    kp,des=sift.detectAndCompute(gray,None)   #检测并计算特征点
    image=cv2.drawKeypoints(image,kp,image)   #绘制特征点
    return image,kp,des
img1=cv2.imread("Resources/left_02.png")      #读取原图像
img2=cv2.imread("Resources/right_02.png")
imgA=img1.copy()                              #备份原图像
imgB=img2.copy()
#调用函数detectAndDescribe(),检测、计算并绘制特征点
imgA,kpA,desA=detectAndDescribe(imgA)
imgB,kpB,desB=detectAndDescribe(imgB)
input=np.hstack((imgA,imgB))                  #水平堆叠图像
cv2.imshow('Keypoints_Input',input)           #显示绘制特征点的图像
```

【运行结果】 特征检测结果图像如图 7-9 所示。

图 7-9 的彩色图像

图 7-9 特征检测结果图像

2. 图像特征匹配

步骤 1 创建 BFMatcher 对象,然后使用 BFMatcher 对象调用方法 knnMatch()进行特征匹配,且每个特征点保留两个匹配结果。

步骤 2 筛选匹配结果,当最近距离与次近距离的比值小于 ratio(值为 0.7)时,保留此匹配对。

步骤 3 绘制匹配的特征点,并显示匹配结果图像。

【参考代码】

```
matcher=cv2.BFMatcher(cv2.NORM_L2)           #创建BFMatcher对象
#进行特征匹配,每个特征点保留两个匹配结果
rawMatches=matcher.knnMatch(desA,desB,2)
ratio=0.7
#当最近距离与次近距离的比值小于ratio时,保留此匹配对
matches=[[m] for m,n in rawMatches if m.distance<ratio*n.distance]
#绘制匹配的特征点
out=cv2.drawMatchesKnn(imgA,kpA,imgB,kpB,matches,None)
cv2.imshow('drawMatches',out)                #显示匹配结果图像
```

【运行结果】 特征匹配结果图像如图 7-10 所示。

图 7-10 的彩色图像

图 7-10 特征匹配结果图像

3. 图像透视变换与拼接

步骤 1　定义函数 get_homo() 获得透视变换矩阵，函数参数为进行图像拼接的两幅图像的特征点 kpA 和 kpB 及其特征匹配结果 matches。首先将图像特征点 kpA 和 kpB 转换成 NumPy 数组，然后获取匹配对的点坐标，最后计算透视变换矩阵并返回。

步骤 2　若匹配对大于 4，则调用函数 get_homo() 获得透视变换矩阵，然后利用透视变换矩阵进行透视变换，并显示透视变换后的图像，最后将图像 img1 与透视变换后图像进行拼接，得到结果图像。

步骤 3　窗口等待，按任意键继续，并释放所有窗口。

【参考代码】

```
def get_homo(kpA,kpB,matches):          #定义函数，获得透视变换矩阵
    reprojThresh=4.0                    #定义 reprojThresh
    #将图像特征点转换成 NumPy 数组
    kpsA=np.float32([kp.pt for kp in kpA])
    kpsB=np.float32([kp.pt for kp in kpB])
    #获取匹配对的点坐标
    ptsA=np.float32([kpsA[m[0].queryIdx] for m in matches])
    ptsB=np.float32([kpsB[m[0].trainIdx] for m in matches])
    #计算透视变换矩阵
    (H,status)=cv2.findHomography(ptsB,ptsA,cv2.RANSAC,reprojThresh)
    return H
if len(matches)>4:
    H=get_homo(kpA,kpB,matches)         #调用函数 get_homo()
    #利用透视变换矩阵进行透视变换
    result=cv2.warpPerspective(img2,H,(img1.shape[1]+img2.shape[1],img2.shape[0]))
    cv2.imshow('Right',result)          #显示透视变换后的图像
    result[0:img1.shape[0],0:img1.shape[1]]=img1    #拼接图像
    cv2.imshow('Result',result)         #显示拼接后图像
cv2.waitKey()                           #窗口等待，按任意键继续
cv2.destroyAllWindows()                 #释放所有窗口
```

【运行结果】　透视变换后的图像如图 7-11 所示，拼接后的图像如图 7-12 所示。

图 7-11　透视变换后的图像

图 7-12　拼接后的图像

图 7-11 和图 7-12 的彩色图像

项目实训

1．实训目的
（1）熟练使用 OpenCV 实现图像的特征检测。
（2）熟练使用 OpenCV 实现图像的特征匹配。

2．实训内容
对查询图像"cover.png"（见本书配套素材"项目实训图像\cover.png"）和训练图像"title.png"（见本书配套素材"项目实训图像\title.png"）进行特征检测，并应用特征匹配在查询图像"cover.png"中查找训练图像"title.png"。

（1）图像特征检测。

① 导入本项目所用到的 OpenCV 库。

② 定义函数 detectAndDescribe()，函数参数为图像 image。该函数可实现检测、计算并绘制图像 image 特征点。在函数体中，首先调用 cv2.cvtColor()函数将图像的色彩空间从 BGR 转换为 GRAY；然后创建 SIFT 对象，检测并计算图像的特征点；最后绘制图像的特征点，并返回绘制了特征点的图像、图像的特征点及特征点的特征向量。

③ 读取进行图像特征匹配的两幅图像文件，并对两幅图像进行备份。

④ 调用函数 detectAndDescribe()，检测、计算并绘制两幅图像的特征点。

（2）图像特征匹配。

① 创建 BFMatcher 对象，然后使用 BFMatcher 对象调用方法 match() 进行特征匹配。

② 对特征匹配结果的 DMatch.distance 属性值按升序排序。

③ 筛选出匹配质量较好的 500 个特征匹配点，并调用函数 cv2.drawMatches() 在两幅图像中绘制特征匹配结果。

④ 窗口等待，按任意键释放所有窗口。

3．实训小结

按要求完成实训内容，并将实训过程中遇到的问题和解决办法记录在表 7-1 中。

表 7-1　实训过程

序　号	主要问题	解决办法
1		
2		
3		

项目总结

完成本项目的学习与实践后，请总结应掌握的重点内容，并将图 7-13 中的空白处填写完整。

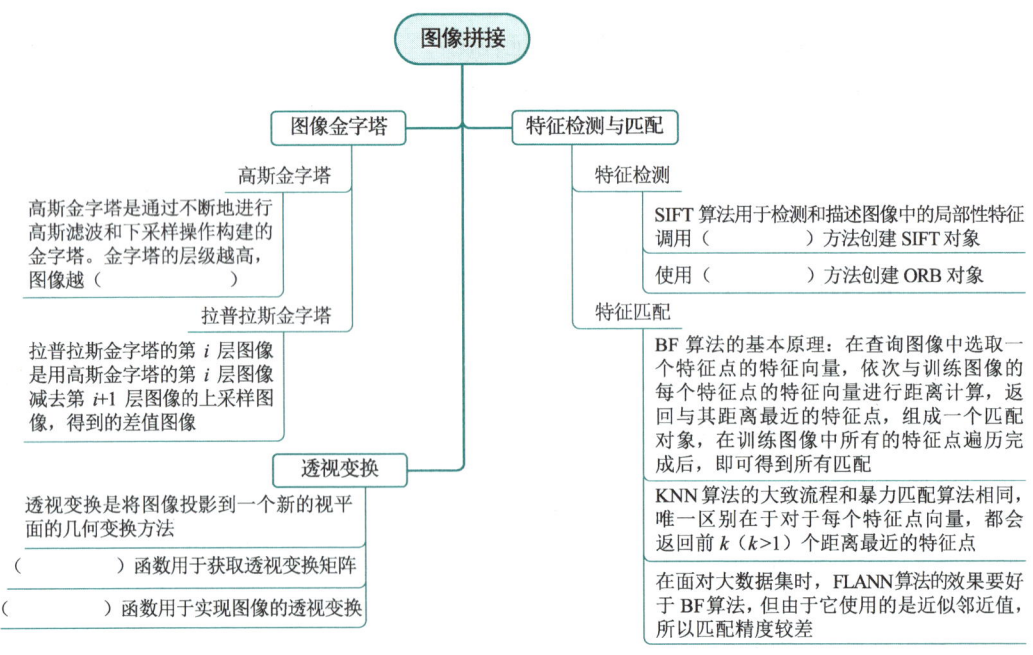

图 7-13　项目总结

项目考核

1. 选择题

（1）高斯金字塔是（　　）的多尺度表示法。
　　A．图像列表　　　　　　　　B．多幅图像
　　C．单幅图像　　　　　　　　D．图像字典

（2）SIFT 算法可对图像中的（　　）进行检测。
　　A．拐点　　　　　　　　　　B．角点
　　C．特征点　　　　　　　　　D．边缘点

（3）ORB 是一种（　　）算法。
　　A．特征检测　　　　　　　　B．特征匹配
　　C．特征校正　　　　　　　　D．特征生成

（4）在函数 cv2.drawKeypoints(image,keypoints,outImage,color,flags)中，参数（　　）是用于指定特征点的。
　　A．color　　　　　　　　　　B．outImage
　　C．flags　　　　　　　　　　D．keypoints

（5）FLANN 是（　　）的英文缩写。
　　A．尺度不变特征转换算法　　　B．快速近似最近邻开源库
　　C．暴力匹配算法　　　　　　　D．K 最近邻匹配算法

2. 填空题

（1）高斯金字塔的上采样和下采样_____（是、不是）互逆的。

（2）拉普拉斯金字塔可以认为是残差金字塔，用来存储_____后的图像与原始图像的差异。

（3）使用 SIFT 算法提取的特征点具有_____、_____和_____不变性。

3. 简答题

（1）什么是高斯金字塔，简述构建高斯金字塔的过程。

（2）简述 OpenCV 中使用 SIFT 算法检测、计算并绘制图像中特征点的步骤。

项目评价

结合本项目的学习情况，完成项目评价，并将评价结果填入表 7-2 中。

表 7-2 项目评价

评价项目	评价内容	评价分数			
		分值	自评	互评	师评
项目完成度评价（20%）	项目准备阶段，回答问题是否清晰准确，能够紧扣主题，没有明显错误	5分			
	项目实施阶段，是否能够根据操作步骤完成本项目	5分			
	项目实训阶段，是否能够出色完成实训内容	5分			
	项目总结阶段，是否能够正确地将项目总结的空白信息补充完整	2分			
	项目考核阶段，是否能够正确地完成考核题目	3分			
知识评价（30%）	是否了解高斯金字塔和拉普拉斯金字塔的概念及构建方法	5分			
	是否掌握常用的特征检测算法及其优缺点	10分			
	是否掌握常用的特征匹配算法及其优缺点	10分			
	是否了解图像透视变换的原理	5分			
技能评价（30%）	是否能够使用 OpenCV 构建高斯金字塔和拉普拉斯金字塔	5分			
	是否能够使用 OpenCV 实现图像的特征检测	10分			
	是否能够使用 OpenCV 实现图像的特征匹配	10分			
	是否能够使用 OpenCV 实现图像的透视变换	5分			
素养评价（20%）	是否能够遵守课堂纪律，上课精神是否饱满	5分			
	是否具有自主学习意识，做好课前准备	5分			
	是否善于思考，积极参与，勇于提出问题	5分			
	是否具有团队合作精神，出色完成小组任务	5分			
合计	综合分数_____自评（25%）+互评（25%）+师评（50%）	100分			
	综合等级_____	指导老师签字_____			
综合评价（创新、进步及不足）					

视频处理

项目目标

知识目标

- 掌握读取摄像头视频的方法。
- 掌握读取本地视频的方法。
- 掌握视频文件属性的获取与设置方法。
- 掌握保存视频文件的方法。

技能目标

- 能够使用 OpenCV 进行本地视频的读取。
- 能够使用 OpenCV 进行摄像头视频的读取。
- 能够使用 OpenCV 保存视频。
- 能够使用 OpenCV 对视频进行分帧操作。

素养目标

- 学习计算机视觉基础知识，加强对新技术的了解，培养勇于尝试的精神。
- 养成良好的学习习惯，拥有强健的体魄、健康的心理和健全的人格。

计算机视觉技术及应用

项目描述

在参加了人工智能机器人大赛之后,小旌产生了深入分析参赛机器人动作细节的想法。他认识到,视频实际上是由连续的图像帧组成的,每一帧都是以固定的时间间隔从视频中提取的静态图像。

为了对比赛中的机器人动作进行精确研究,小旌计划采用逐帧提取技术,将大赛视频中的每一帧单独保存为图像文件。这样的处理方式将便于他细致地分析和研究机器人的每个动作,从而深入理解机器人的表现和动作逻辑。

项目分析

按照项目要求,对比赛视频进行分帧操作的步骤分解如下。

第1步:数据准备。打开比赛视频文件,获取并显示该视频的帧数。

第2步:视频的分帧操作。逐帧读取视频文件,并将每一帧图像写入图像文件中。

第3步:显示图像。随机选择4幅分帧操作后的图像,并在子图中绘制图像。

为了实现比赛视频的分帧操作,本项目将对相关知识进行介绍,包括打开和读取摄像头视频和本地视频的方法,获取和设置视频文件属性的方法,以及保存视频文件的方法。

项目准备

全班学生以3~5人为一组进行分组,各组选出组长。组长组织组员扫码观看"认识视频"视频,讨论并回答下列问题。

问题1:简述视频与图像的关系。

认识视频

问题2:视频的处理和分析包括哪些内容?

项目 8　视频处理

8.1　视频处理基础

视频信号（以下简称为视频）是非常重要的视觉信息来源，它是计算机视觉处理中经常要处理的一类信号。视频由一系列图像构成，这一系列图像称为"帧"，每一幅图像称为"一帧"。帧是构成视频的最基本单元，对视频进行处理，本质上也是对帧进行处理。

8.1.1　视频的读取

OpenCV 提供的 cv2.VideoCapture 类用于读取视频。cv2.VideoCapture 类读取视频的方式非常简单、快捷，而且它既能读取视频文件，又能读取摄像头中的视频。

1. 构造方法

cv2.VideoCapture 类提供的构造方法 cv2.VideoCapture()用于打开视频文件或摄像头，其格式如下。

```
capture=cv2.VideoCapture(index/filename)
```

其中，capture 表示 cv2.VideoCapture 类的对象；index/filename 表示传入的参数，传入的参数可以是摄像头的索引编号 index，也可以是视频文件名 filename。

> **指点迷津**
>
> index 参数表示摄像头的设备索引，当其值为 0 时，表示第 1 个摄像头，即笔记本计算机内置摄像头；当其值为 1 时，表示第 2 个摄像头，即笔记本计算机的外置摄像头。

2. 检测摄像头是否成功打开

cv2.VideoCapture 类提供的 isOpened()方法用于判断视频文件或者摄像头是否打开成功，其格式如下（假设已经创建了 cv2.VideoCapture 类的对象 capture）。

```
retval=capture.isOpened()
```

其中，retval 表示是否成功打开视频文件或摄像头，若打开成功，则其值为 True，否则，其值为 False。

3. 读取帧

cv2.VideoCapture 类提供的 read()方法用于读取帧，其格式如下（假设已经创建了 cv2.VideoCapture 类的对象 capture）。

```
retval,image=capture.read()
```

其中，retval 表示是否读取成功，若读取成功，则其值为 True，否则其值为 False；image 表示读取到的帧，即一幅图像。

4. 释放资源

cv2.VideoCapture 类提供的 release()方法用于释放视频文件或关闭摄像头,其格式如下(假设已经创建了 cv2.VideoCapture 类的对象 capture)。

retval=capture.release()

其中,retval 表示是否成功释放视频文件或关闭摄像头,若操作成功,则其值为 True,否则其值为 False。

【例 8-1】 编写程序,使用 cv2.VideoCapture 类打开笔记本计算机的内置摄像头,读取并显示视频。当按空格键时,关闭笔记本计算机的内置摄像头,释放显示摄像头视频的窗口。

【参考代码】

```
import cv2                                  #导入 OpenCV 库
capture=cv2.VideoCapture(0)                 #打开摄像头
while(capture.isOpened()):
    retval,image=capture.read()             #读取帧
    cv2.imshow("Video",image)
    key=cv2.waitKey(1)                      #窗口等待 1 ms
    if key==32:                             #若按空格键,则退出循环
        break
capture.release()                           #关闭摄像头
cv2.destroyAllWindows()                     #释放所有窗口
```

【运行结果】 程序运行结果如图 8-1 所示。

图 8-1 例 8-1 程序运行结果

【例 8-2】 编写程序,使用 cv2.VideoCapture 类读取并播放视频"yzbf.mp4"(见本书配套素材"yzbf.mp4"),按"Esc"键退出视频播放。

【参考代码】

```
import cv2                                    #导入OpenCV库
video=cv2.VideoCapture("yzbf.mp4")            #打开视频
while(video.isOpened()):
    retval,image=video.read()                 #读取帧
    cv2.namedWindow("Video",0)
    cv2.resizeWindow("Video",420,300)
    if retval==True:
        cv2.imshow("Video",image)             #播放
    else:
        break
    key=cv2.waitKey(1)                        #窗口等待1 ms
    if key==27:                               #若按"Esc"键，则退出循环
        break
video.release()                               #关闭视频
cv2.destroyAllWindows()                       #释放所有窗口
```

【运行结果】 程序运行结果如图 8-2 所示。

图 8-2　例 8-2 程序运行结果

8.1.2　视频文件属性的获取与设置

创建 cv2.VideoCapture 类的对象 capture 后，使用 cv2.VideoCapture 类提供的 get() 方法和 set() 方法可以获取和设置该类对象的属性。get() 方法的格式如下。

　　retval=capture.get(propId)

其中，retval 表示获取与 propId 对应的属性值；propId 表示要获取的属性，cv2.VideoCapture 类的常见属性和含义如表 8-1 所示。

表 8-1　cv2.VideoCapture 类的常见属性和含义

属　　性	含　　义
cv2.CAP_PROP_POS_MSEC	当前帧的时间戳,单位为 ms
cv2.CAP_PROP_POS_FRAMES	帧的索引,索引从 0 开始
cv2.CAP_PROP_POS_AVI_RATIO	视频文件的相对位置,0 为开始,1 为结束
cv2.CAP_PROP_FRAME_WIDTH	帧的宽度
cv2.CAP_PROP_FRAME_HEIGHT	帧的高度
cv2.CAP_PROP_FPS	帧速率
cv2.CAP_PROP_FOURCC	视频编码格式
cv2.CAP_PROP_FRAME_COUNT	帧数

cv2.VideoCapture 类提供的 set()方法的格式如下。

retval=capture.set(propId,value)

其中,retval 表示判断属性是否设置成功,若设置成功,则返回 True,否则返回 False;propId 表示要设置的属性;value 表示要设置的属性值。

【例 8-3】　编写程序,使用 cv2.VideoCapture 类打开视频"yzbf.mp4"(见本书配套素材"yzbf.mp4"),获取并显示该视频文件的帧速率、帧数、帧的宽度和帧的高度等属性。

【参考代码】

```
import cv2                                      #导入 OpenCV 库
video=cv2.VideoCapture("yzbf.mp4")              #打开视频
#获取属性
fps=video.get(cv2.CAP_PROP_FPS)
frame_count=video.get(cv2.CAP_PROP_FRAME_COUNT)
frame_width=video.get(cv2.CAP_PROP_FRAME_WIDTH)
frame_height=video.get(cv2.CAP_PROP_FRAME_HEIGHT)
print("帧速率: ",fps)                            #显示属性
print("帧数: ",frame_count)
print("帧的宽度: ",frame_width)
print("帧的高度: ",frame_height)
```

【运行结果】　程序运行结果如图 8-3 所示。

```
帧速率: 25.0
帧数: 907.0
帧的宽度: 1920.0
帧的高度: 1080.0
```

图 8-3　例 8-3 程序运行结果

项目 8 视频处理

素养之窗

  人工智能视频大模型 Vidu，由北京生数科技有限公司携手清华大学共同研发，其以长时长、高一致性、高动态性的特点，在 2024 中关村论坛年会上正式亮相。

  Vidu 采用创新的 U-ViT 架构，巧妙融合了 Diffusion Transformer 技术，并推出了文生视频与图生视频两大功能，提供 4 s 和 8 s 两种时长选项，分辨率高达 1 080 P。Vidu 在语义理解准确性、画面美观性、主体动态一致性等方面表现卓越，能够准确捕捉提示词，支持流畅、精准的动作生成，确保画面效果的高流畅性和动态性。

  Vidu 的技术性能能够与国际先进水平比肩，在镜头艺术、时空连贯性及物理仿真等方面展现出了独特的优势。

8.2 视频的保存

  在实际的开发过程中，视频往往需要保存至本地，因此 OpenCV 提供了 cv2.VideoWriter 类用于保存视频。

8.2.1 cv2.VideoWriter 类的构造方法

  cv2.VideoWriter 类提供的构造方法 cv2.VideoWriter()用于创建 cv2.VideoWriter 类的对象，其格式如下。

  `writer=cv2.VideoWriter(filename,fourcc,fps,frameSize[,isColor])`

其中，writer 表示 cv2.VideoWriter 类的对象；filename 表示保存视频的文件名；fourcc 表示视频编码格式，须用 4 字符代码表示，常用的视频编码格式如表 8-2 所示；fps 表示视频的帧速率；frameSize 表示帧的大小；isColor 表示是否保存为彩色视频，为可选参数，若其值为 True，则保存为彩色视频，否则保存为黑白视频。

表 8-2 常用的视频编码格式

fourcc 的值	编码格式	文件格式
('I','4','2','0')	未压缩的 YUV 编码	.avi
('M','J','P','G')	motion-JPEG 编码	.avi、.mp4
('X','V','I','D')	MPEG-4 编码	.avi
('T','H','E','O')	Ogg Vobis 编码	.ogv
('F','L','V','I')	Flash 编码	.flv

  cv2.VideoWriter_fourcc()方法用于生成视频编码格式的 4 字符代码 fourcc。例如，
  `fourcc=cv2.VideoWriter_fourcc('X','V','I','D')`

181

或

```
fourcc=cv2.VideoWriter_fourcc(*'XVID')
```

可以创建一个 fourcc 代码,该代码的编码格式为 MPEG-4。

8.2.2 写入帧

cv2.VideoWriter 类提供的 write()方法用于在创建好的 cv2.VideoWriter 类对象中写入帧,其格式如下(假设已经创建了 cv2.VideoWriter 类的对象 writer)。

```
writer.write(frame)
```

其中,frame 表示要写入的帧。

8.2.3 释放 cv2.VideoWriter 类的对象

cv2.VideoWriter 类提供的 release()方法用于释放 VideoWriter 类的对象,其格式如下(假设已经创建了 cv2.VideoWriter 类的对象 writer)。

```
writer.release()
```

【例 8-4】 编写程序,使用 cv2.VideoWriter 类逐帧读取视频 "landscape.avi"(见本书配套素材 "landscape.avi"),并将该视频另存为 "out.avi"。

【参考代码】

```
import cv2                                                  #导入OpenCV库
video=cv2.VideoCapture("landscape.avi")                     #打开视频
fps=video.get(cv2.CAP_PROP_FPS)                             #获取帧速率
size=(int(video.get(cv2.CAP_PROP_FRAME_WIDTH)),
      int(video.get(cv2.CAP_PROP_FRAME_HEIGHT)))            #设置帧的大小
#生成MJPG-4视频编码格式的4字符代码
fource=cv2.VideoWriter_fourcc(*'XVID')
#创建VideoWriter类的对象
output=cv2.VideoWriter("out.avi",fource,fps,size)
while(video.isOpened()):
    retval,frame=video.read()                               #读取每一帧
    if retval:
        output.write(frame)                                 #写入帧
    else:
        break
print("视频已保存")
video.release()                                             #释放资源
output.release()
```

【运行结果】 程序运行结果如图 8-4 所示。可见，视频已保存成功，并且在当前工作目录中多了一个"out.avi"文件。

图 8-4 例 8-4 程序运行结果

项目实施——对比赛视频进行分帧操作

扫码学习
对比赛视频
进行分帧操作

1. 数据准备

步骤 1 导入本项目所需的模块与包。
步骤 2 打开比赛视频文件，获取并显示该视频的帧数。

指点迷津

开始编写程序前，须将本书配套素材"项目实施图像\Resources\"文件夹中的"wrjs.mp4"文件复制到当前工作目录下的"\Resources\"文件夹中。

【参考代码】

```
import cv2                                      #导入项目所需的模块与包
import os
import numpy as np
import matplotlib.pyplot as plt
video="./Resources/wrjs.mp4"                    #原视频路径
cap=cv2.VideoCapture(video)                     #打开视频
frames=int(cap.get(cv2.CAP_PROP_FRAME_COUNT))   #获取帧数
print("帧数: ",frames)                          #显示帧数
```

【运行结果】 运行程序，显示比赛视频的帧数如图 8-5 所示。

帧数: 6022

图 8-5 显示比赛视频的帧数

2. 视频的分帧操作

步骤 1 创建存放分帧操作后得到的图像文件的文件夹"./Resources/wrjs"。
步骤 2 逐帧读取视频文件，并将每帧图像写入图像文件中。
步骤 3 显示分帧操作后图像文件的数量。

【参考代码】
```
save_path="./Resources/wrjs/"
if not os.path.exists(save_path):#创建存放分帧操作后图像文件的文件夹
    os.makedirs(save_path)
cnt=1
for i in range(frames):
    retval,frame=cap.read()                    #逐帧读取
    if retval:
        save_filename=os.path.join(save_path,
"{:0>6d}.jpg".format(cnt))
        cv2.imwrite(save_filename,frame)   #将每帧图像写入图像文件中
        cnt+=1
#显示图像文件的数量
print("{}文件夹下共有{}个文件!".format(save_path,cnt-1))
```

【运行结果】　运行程序，显示分帧操作后图像文件的数量如图8-6所示。

./Resources/wrjs/文件夹下共有6022个文件!

图8-6　显示分帧操作后图像文件的数量

3. 显示图像

步骤1　在分帧操作后的文件夹中随机选择4幅图像，创建子图，并在子图中绘制图像。

步骤2　释放 cv2.VideoCapture 类的对象。

【参考代码】
```
plt.figure()
for i in range(4):
    n=np.random.randint(1,frames)              #生成随机整数n
    img_path=os.path.join(save_path,"{:0>6d}.jpg".format(n))
    img=cv2.imread(img_path)                    #读取图像
    plt.subplot(2,2,i+1)                        #创建子图
    plt.imshow(img)
    plt.axis("off")                             #设置不显示坐标轴
plt.show()
cap.release()                                   #释放资源
```

【运行结果】　随机显示分帧操作后的4幅图像如图8-7所示。

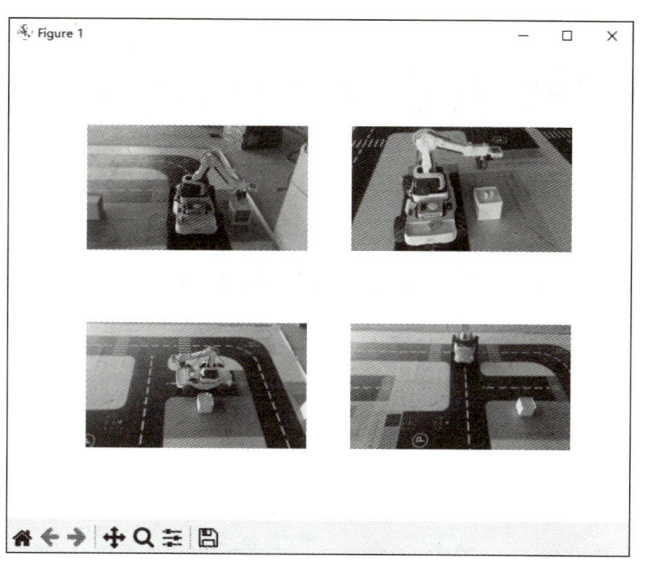

图 8-7 随机显示分帧操作后的 4 幅图像

项目实训

1. 实训目的

（1）熟练使用 OpenCV 打开摄像头，并进行摄像头视频的读取。

（2）熟练使用 OpenCV 获取视频文件的属性。

（3）熟练使用 OpenCV 保存视频。

2. 实训内容

编写程序，使用笔记本计算机的内置摄像头录制并保存一段时长为 10 s 的视频。

（1）准备工作。

① 导入本项目需的 OpenCV 库。

② 调用 cv2.VideoCapture 类的构造方法打开笔记本计算机的内置摄像头。

（2）指定存储视频信息。

① 调用 cv2.VideoWrite_fourcc()方法设置视频文件的编码格式为"MJPG-4 编码"。

② 创建 cv2.VideoWriter 类的对象，设置视频文件名为"train8.avi"，帧速率为 20，帧的宽度为 640，帧的高度为 480。

（3）读取摄像头视频并保存。

① 计算 10 s 摄像头视频包含的帧数。

② 使用循环语句读取摄像头视频中的每一帧图像，再调用 cv2.VideoWriter 类的 write()方法将读取到的帧写入"train8.avi"文件中。

（4）释放资源。

① 调用 cv2.VideoCapture 类提供的 release()方法，释放 cv2.VideoCapture 类的对象。

② 调用 cv2.VideoWriter 类提供的 release()方法，释放 cv2.VideoWriter 类的对象。

③ 释放所有窗口。

3. 实训小结

按要求完成实训内容，并将实训过程中遇到的问题和解决办法记录在表 8-3 中。

表 8-3 实训过程

序　号	主要问题	解决办法
1		
2		
3		

项目总结

完成本项目的学习与实践后，请总结应掌握的重点内容，并将图 8-8 中的空白处填写完整。

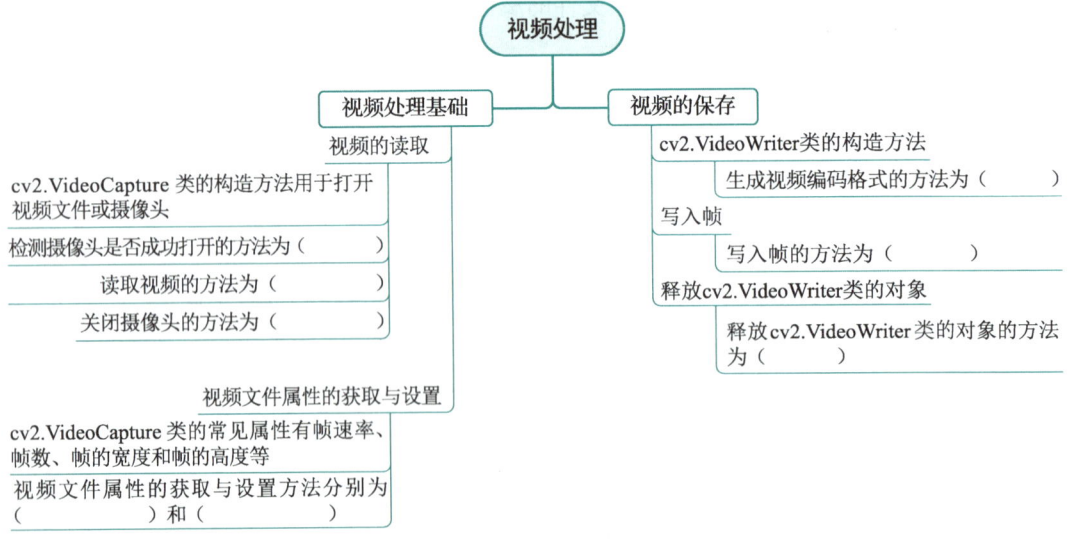

图 8-8 项目总结

项目 8　视频处理

项目考核

1．选择题

（1）下列选项中，（　　）类用于打开摄像头并读取摄像头中的视频。
　　A．cv2.Pointe　　　　　　　　B．cv2.Scalar
　　C．cv2.VideoCapture　　　　　D．cv2.Size

（2）下列选项中，（　　）属性表示视频的帧速率。
　　A．cv2.CAP_PROP_POS_MSEC
　　B．cv2.CAP_PROP_POS_FRAMES
　　C．cv2.CAP_PROP_FOURCC
　　D．cv2.CAP_PROP_FPS

（3）下列关于 cv2.VideoWriter 中 write()方法的描述，正确的是（　　）。
　　A．该方法用于确定视频编码格式
　　B．该方法用于在创建好的 cv2.VideoWriter 类对象中写入帧
　　C．该方法用于释放不需要使用的 cv2.VideoWriter 类的对象
　　D．该方法用于打开摄像头

（4）下列关于语句"fourcc=cv2.VideoWriter_fourcc(*'XVID')"的描述中，正确的是（　　）。
　　A．该语句用于设置视频的帧宽度
　　B．该语句用于创建 cv2.VideoWriter 类的对象
　　C．该语句用于释放 cv2.VideoWriter 类的对象
　　D．该语句用于生成视频编码格式的 4 字符代码

2．填空题

（1）cv2.VideoCapture 类提供的_____方法用于从视频中读取帧。

（2）属性 cv2.CAP_PROP_FRAME_COUNT 表示视频的_____。

（3）语句"cv2.VideoWriter_fourcc('M','J','P','G')"中的"'M','J','P','G'"参数表示视频的编码格式为_____，文件扩展名为.avi。

（4）在 OpenCV 中，_____类的构造方法不仅能打开摄像头，还能打开视频文件。

（5）在 OpenCV 中，_____类用于保存视频。

3．简答题

（1）简述使用 cv2.VideoCapture 类读取视频的步骤。

（2）简述 cv2.VideoWriter_fourcc()方法的功能，并举例说明。

计算机视觉技术及应用

项目评价

结合本项目的学习情况,完成项目评价,并将评价结果填入表 8-4 中。

表 8-4　项目评价

评价项目	评价内容	评价分数			
		分值	自评	互评	师评
项目完成度评价（20%）	项目准备阶段,回答问题是否清晰准确,能够紧扣主题,没有明显错误	5 分			
	项目实施阶段,是否能够根据操作步骤完成本项目	5 分			
	项目实训阶段,是否能够出色完成实训内容	5 分			
	项目总结阶段,是否能够正确地将项目总结的空白信息补充完整	2 分			
	项目考核阶段,是否能够正确地完成考核题目	3 分			
知识评价（30%）	是否掌握打开和读取摄像头视频的方法	5 分			
	是否掌握打开和读取本地视频的方法	5 分			
	是否掌握视频文件属性的获取与设置方法	5 分			
	是否掌握保存视频文件的方法	15 分			
技能评价（30%）	是否能够使用 OpenCV 进行视频文件和摄像头视频的读取	10 分			
	是否能够使用 OpenCV 保存视频	10 分			
	是否能够使用 OpenCV 对视频进行分帧操作	10 分			
素养评价（20%）	是否能够遵守课堂纪律,上课精神是否饱满	5 分			
	是否具有自主学习意识,做好课前准备	5 分			
	是否善于思考,积极参与,勇于提出问题	5 分			
	是否具有团队合作精神,出色完成小组任务	5 分			
合计	综合分数_____自评（25%）+互评（25%）+师评（50%）	100 分			
	综合等级_____	指导老师签字_____			
综合评价（创新、进步及不足）					

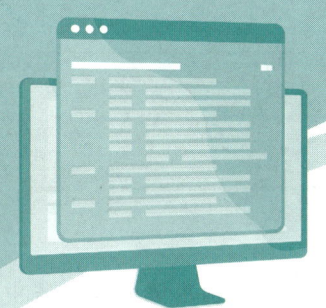

项目 9

人脸检测与识别

项目目标

知识目标

- 了解人脸检测的基本原理。
- 掌握人脸检测的步骤。
- 掌握常用的人脸识别方法。

技能目标

- 能够使用 OpenCV 进行人脸检测。
- 能够使用 OpenCV 进行人脸识别。
- 能够使用 OpenCV 进行人眼、猫脸等其他对象的检测。

素养目标

- 锻炼分析问题的思维方式,提升逻辑思维能力。
- 培养锲而不舍的专研精神。

项目描述

小旌了解到，人脸检测与识别依托于计算机视觉技术，旨在识别图像或视频流中的人脸，并能准确辨识其身份。为此，小旌计划为计算机视觉实验室训练一个人脸检测与识别的模型，以对入场人员进行高效的人脸检测与识别。

小旌首先对实验室成员进行人脸数据采集，随后将这些采集的人脸图像作为训练数据集，用于对人脸识别模型进行训练，完成训练后，小旌将运用这一模型进行人脸识别测试，以评估人脸检测与识别模型的性能。

项目分析

按照项目要求，将实验室成员人脸检测与识别的步骤分解如下。

第1步：准备工作。加载 Harr 级联分类器，并创建 LBPH 人脸识别器对象。

第2步：人脸采集。从摄像头捕捉的视频流中提取人脸图像，为每位实验室成员分别采集10幅图像，并将这些图像保存在人脸图像文件夹中。

第3步：训练模型。从人脸图像文件夹中读取人脸图像及其对应的标签，使用这些数据训练模型，并保存训练好的模型。

第4步：人脸识别。使用已经训练好的模型，对测试图像进行人脸识别，判断并显示人脸识别结果。

为了实现实验室成员的人脸检测与识别，本项目将对相关知识进行介绍，包括人脸检测的原理，人脸检测的实现步骤，人脸识别的方法，以及人脸识别的实现步骤。

项目准备

全班学生以3～5人为一组进行分组，各组选出组长。组长组织组员扫码观看"人脸检测与识别的应用"视频，讨论并回答下列问题。

问题1：人脸检测与识别基于哪些技术进行身份认证？

问题2：说一说人脸检测与识别的应用场景（不少于3种）。

人脸检测与识别的应用

9.1 人脸检测

人脸检测是指对于任意一幅给定的图像，采用一定的策略对其进行搜索，以确定其中是否含有人脸，如果有，则返回人脸的位置、大小和姿态等信息。

9.1.1 人脸检测的原理

目前，人脸检测的常用方法有基于知识规则的方法、基于统计模型的方法和基于深度学习的方法。基于知识规则的方法将人脸看作器官特征的组合，根据组合成分（如眼睛、眉毛、嘴巴、鼻子等）的特征及相互之间的几何位置关系来检测人脸；基于统计模型的方法将人脸看作一个整体的像素矩阵，从统计的观点通过大量人脸图像样本构造人脸模式空间，根据相似度来判断人脸是否存在，常见方法有主成分分析法、支持向量机法、隐马尔可夫模型、Adaboost 算法等；基于深度学习的方法利用深度神经网络（如卷积神经网络）来自动学习人脸的特征表示，并通过大量的训练数据来提高检测的准确性和鲁棒性。

OpenCV 在基于统计模型的 Adaboost 算法方向提供了 3 种人脸检测的解决方法：Haar 级联分类器、HOG 级联分类器和 LBP 级联分类器。这些分类器都以模型文件的形式提供，可以直接使用。下面以 Haar 级联分类器为例，介绍其实现人脸检测的原理。

1. 级联分类器

级联分类器的基本原理为排除法，它将多个分类器按照一定的顺序串联起来，逐级筛选数据。在实际应用中，级联分类器往往从简单特征开始，逐步排除不符合条件的检测对象，经过多次条件检测，最后筛选出符合所有条件的检测对象，这些检测对象又称正样本。

例如，要检测对象是否是猫，首先可以检测该对象是否有 4 条腿，如果该对象没有 4 条腿，则排除此对象，该对象为负样本；下一步可以检测该对象是否有尾巴，如果没有尾巴，则该对象又可以排除，经过层层条件排除后，最后留下来的是正样本，如图 9-1 所示。

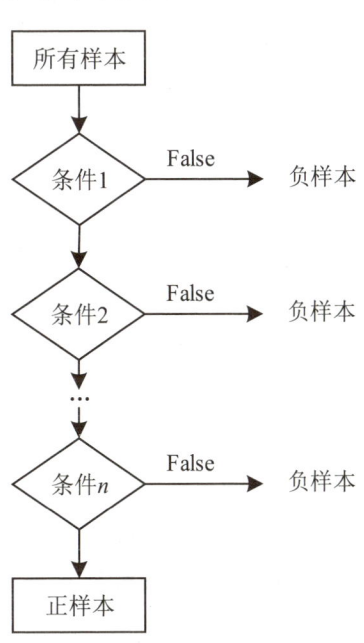

图 9-1 级联分类器流程

> **指点迷津**
>
> 在二分类任务中，样本分为正样本和负样本两种类型，正样本是指符合目标类别特征的数据或实例，负样本是指不符合目标类别特征的数据或实例。

2. Haar 级联分类器

Haar 级联分类器使用的特征是 Haar 特征。Haar 特征是一类能够反映图像灰度变化的特征，它用黑白两种矩形框组合形成特征模板。这些特征模板可分为边界特征、线条特征、中心特征和对角特征等类型，如图 9-2 所示。在特征模板中，用白色矩形区域像素之和减去黑色矩形区域像素之和来表示该模板的特征。

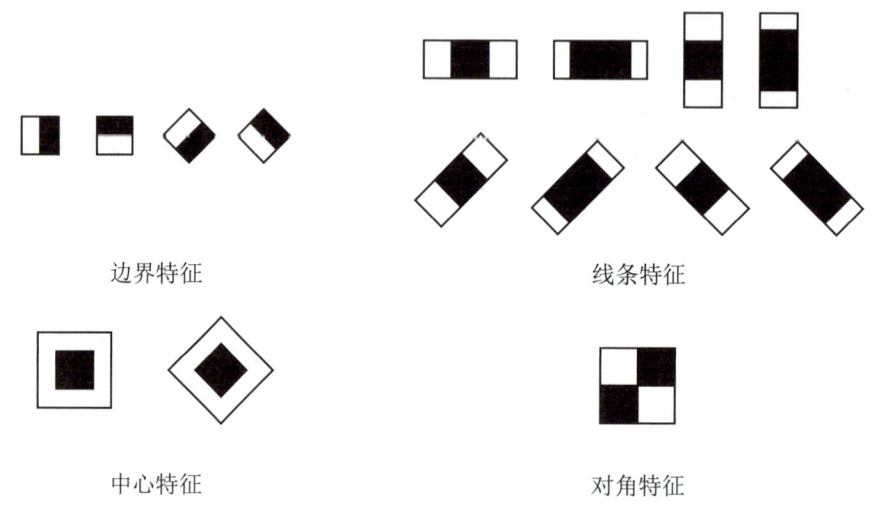

图 9-2 Haar 特征模板

Haar 特征能够简单地描述人脸图像的灰度对比特征，如眼睛区域颜色比脸颊区域暗，鼻梁两侧比鼻梁颜色深，嘴巴比周围颜色深等。当将 Haar 特征模板覆盖到人脸区域上时，计算出模板区域的特征值，再与非人脸区域的特征值做对比，二者的差距一般非常明显，这也是 Haar 特征能够用于区分人脸和非人脸的原因。

获得 Haar 特征后，Haar 级联分类器采用了级联分类器的思路训练人脸分类器，即每个特征对应一个分类器，一个目标图像的检测是由多个分类器组合进行检测的，这样可以提升模型的准确率。

OpenCV 提供的级联分类器支持人脸检测、眼睛检测、鼻子检测等功能，这些分类器以 XML 文件的形式存放。OpenCV 安装成功后，可以在所安装的文件夹中看到这些 XML 文件，不同操作系统的存放位置有所区别，如在 Windows 操作系统中通常存放在 OpenCV 安装文件夹的 data 文件夹中。此外，还可以通过 OpenCV 的 GitHub 资源托管平台（网址为 https://github.com/opencv/opencv/tree/master/data）下载。

项目 9 人脸检测与识别

OpenCV 提供的 Haar 级联分类器、HOG 级联分类器和 LBP 级联分类器，分别存放在 haarcascades、hogcascades 和 lbpcascades 文件夹中。其中，常用的 Haar 级联分类器如表 9-1 所示。

表 9-1　OpenCV 中常用的 Haar 级联分类器

级联分类器 XML 文件名	功　　能
haarcascade_eye.xml	眼睛检测
haarcascade_eye_tree_eyeglasses.xml	眼镜检测
haarcascade_frontalcatface.xml	正面猫脸检测
haarcascade_frontalcatface_default.xml	正面人脸检测
haarcascade_fullbody.xml	身形检测
haarcascade_lefteye_2splitts.xml	左眼检测
haarcascade_lowerbody.xml	下半身检测
haarcascade_profileface.xml	侧面人脸检测
haarcascade_righteye_2splits.xml	右眼检测
haarcascade_russian_plate_number.xml	车牌检测
haarcascade_smile.xml	笑容检测
haarcascade_upperbody.xml	上半身检测

9.1.2　人脸检测的编程实现

cv2.CascadeClassifier 是 OpenCV 的一个类，用于检测图像中的物体。使用 cv2.CascadeClassifier 类进行人脸检测分为加载级联分类器和使用级联分类器检测图像两个步骤。

1. 加载级联分类器

OpenCV 提供的 cv2.CascadeClassifier() 方法用于加载 Haar 级联分类器或 LBP 级联分类器，其格式如下。

```
classifier=cv2.CascadeClassifier(filename)
```

其中，classifier 为 cv2.CascadeClassifier 类的对象；filename 表示级联分类器的 XML 文件路径。

2. 使用级联分类器检测图像

cv2.CascadeClassifier 类提供的 detectMultiScale() 方法用于人脸检测，其格式如下（假

193

设已经创建了 cv2.CascadeClassifier 类的对象 classifier)。

objects=classifier.detectMultiScale(image[,scaleFactor=1.1[,minNeighbors=3[,minSize[,maxSize]]]])

其中，objects 表示检测到的目标对象的矩形框列表，列表的元素是元组，每个元组由 4 个整数(x,y,width,height)组成，(x,y)为矩形左上角的坐标，width 和 height 分别为矩形的宽度和高度；image 表示待检测的图像；scaleFactor 表示扫描图像时的缩放比例，为可选参数，默认为 1.1；minNeighbors 表示每个目标至少要被检测到多少次才算匹配成功，即每个候选框周围至少有 minNeighbors 个矩形框与其重叠，该候选框才被认为是一个检测到的对象，为可选参数，默认为 3；minSize 表示检测目标的最小尺寸，为可选参数；maxSize 表示检测目标的最大尺寸，为可选参数。

【例 9-1】　编写程序，使用 OpenCV 的 Haar 级联分类器对图像"people.png"（见本书配套素材"例题图像/people.png"）进行人脸检测，并在人脸位置绘制矩形框。

【参考代码】

```
import cv2                                              #导入OpenCV库
image=cv2.imread('people.png')                          #读取原图像
gray=cv2.cvtColor(image,cv2.COLOR_RGB2GRAY)             #转换为灰度图像
face=cv2.CascadeClassifier(r'E:\opencv-4.8.0\data\haarcascades\
haarcascade_frontalface_default.xml')                   #加载级联分类器
faces=face.detectMultiScale(gray,1.1,3)                 #检测人脸
cv2.rectangle(image,(image.shape[1]-150,image.shape[0]-20),
(image.shape[1],image.shape[0]),(0,255,255),-1)
cv2.putText(image,"Find"+str(len(faces))+"faces",(image.shape[1]-140,
image.shape[0]-5),cv2.FONT_HERSHEY_COMPLEX,0.6,(255,0,0),1)
for(x,y,w,h) in faces:                                  #标记人脸
    cv2.rectangle(image,(x,y),(x+w,y+h),(0,255,0),2)    #绘制矩形
cv2.imshow('People',image)                              #显示图像
cv2.waitKey()                                           #窗口等待，按任意键继续
cv2.destroyAllWindows()                                 #释放所有窗口
```

【运行结果】　程序运行结果如图 9-3 所示。

图 9-3　例 9-1 程序运行结果

高手点拨

读者在运行例 9-1 时，须根据所使用计算机中的 Haar 级联分类器存放的位置修改加载级联分类器语句中的路径。本项目中实现人脸检测的程序均须进行上述修改，不再赘述。

在人脸检测过程中，有可能出现检测不到人脸，或者非人脸被检测为人脸的情况，可以通过调整 detectMultiScale() 方法中的 scaleFactor 和 minNeighbors 参数，以达到检测的最优效果。

使用 OpenCV 的 Haar 级联分类器，不仅可以进行人脸检测，还可以进行眼睛、眼镜、猫脸等对象的检测。

【例 9-2】　编写程序，使用 OpenCV 的 Haar 级联分类器对图像 "cat.jpg"（见本书配套素材"例题图像/cat.jpg"）进行猫脸检测，并在猫脸位置绘制矩形框。

【参考代码】

```
import cv2                                              #导入OpenCV库
faceCascade=cv2.CascadeClassifier(r'E:\opencv-4.8.0\data\
haarcascades\haarcascade_frontalcatface.xml')           #加载级联分类器
image=cv2.imread("cat.jpg")                             #读取原图像
gray=cv2.cvtColor(image,cv2.COLOR_BGR2GRAY)             #转换为灰度图像
faces=faceCascade.detectMultiScale(gray)                #检测猫脸
for(x,y,w,h) in faces:                                  #标记猫脸
    cv2.rectangle(image,(x,y),(x+w,y+h),(0,0,255),2)
    cv2.putText(image,'Cat',(x,y-7),3,1.2,(0,0,255),2,cv2.LINE_AA)
cv2.imshow('Cat',image)                                 #显示图像
cv2.waitKey()                                           #窗口等待，按任意键继续
cv2.destroyAllWindows()                                 #释放所有窗口
```

【运行结果】　程序运行结果如图 9-4 所示。

图 9-4　例 9-2 程序运行结果

素养之窗

旷视科技凭借其在计算机视觉与深度学习领域中的卓越贡献，尤其是在人脸识别技术上的重大进展而备受关注。它的人脸识别算法，利用深度学习技术，经过海量数据训练，达到了 99.8% 的识别准确率。该技术能在极短时间内完成人脸特征的提取和匹配，适应高频率、大规模的实时监控场景，广泛应用于多个行业，大幅提升了系统的安全性和管理效率。

值得一提的是，旷视科技的人脸识别技术展现出了非凡的环境适应性，无论是面对复杂多变的室内外环境，还是昼夜更替、光线迥异的挑战，均能保持稳定且高精度的识别性能，确保了识别结果的一致性与可靠性，为行业树立了新的标杆。

9.2　人脸识别

人脸识别是基于人的脸部特征进行身份识别的一种技术，该技术能够从摄像机或摄像头采集到的含有人脸的图像或视频流中检测到人脸的位置，进而达到识别人脸身份的目的。

9.2.1　人脸识别的方法

OpenCV 提供了 3 种人脸识别的方法，分别是基于 LBPH 的人脸识别、基于 Eigenfaces 的人脸识别和基于 Fisherfaces 的人脸识别。

1. 基于 LBPH 的人脸识别

局部二值模式直方图（local binary patterns histogram，LBPH）主要使用局部的纹理特征完成人脸识别。该方法将每个像素与周围的像素进行比较，计算出每个像素的二进制编码，再将编码串联起来形成一个局部特征。基于 LBPH 的人脸识别的优点是对于图像的旋转、缩放和灰度变化等不敏感，但对于遮挡和表情变化等因素的鲁棒性还有待提高。

2．基于 Eigenfaces 的人脸识别

特征脸（Eigenfaces）方法是一种基于主成分分析（principal component analysis, PCA）的人脸识别方法。该方法将人脸图像转换为低维的特征向量，使用 PCA 降维的方式提取出训练集中的主成分特征，进而提取出人脸图像的特征向量。在进行识别时，通过比较输入图像与训练集中每个图像的特征向量的相似度来判断其所属的人脸类别。

3．基于 Fisherfaces 的人脸识别

基于 Fisherfaces 的人脸识别是一种基于线性判别分析（linear discriminant analysis, LDA）的人脸识别方法。其核心思想是利用 LDA 算法对人脸特征进行降维，并通过计算投影系数，将原图像投影到低维空间中。这样，可以大大减少计算量和提高识别速度。基于 Fisherfaces 的人脸识别的优点是对于光照、表情变化等因素的鲁棒性很强，但对于遮挡的鲁棒性还有待提高。

9.2.2 人脸识别的编程实现

在 OpenCV 中，人脸识别的步骤分为创建人脸识别器、训练人脸识别器和应用人脸识别器。

1．创建人脸识别器

OpenCV 提供的创建人脸识别器对象的方法如表 9-2 所示。

表 9-2　OpenCV 提供的创建人脸识别器对象的方法

方　法	说　明
recognizer=cv2.face.LBPHFaceRecognizer_create ([radius=1[,neighbors=8[,grid_x=8[,grid_y=8[, threshold]]]]])	创建 LBPH 人脸识别器对象。其中，recognizer 表示创建的 LBPH 人脸识别器对象；radius 表示圆形局部二进制模式的半径，为可选参数，默认为 1；neighbors 表示邻域像素的数量，为可选参数，默认为 8；grid_x 和 grid_y 分别表示将 LBP 特征图像划分为单元格时，每个单元格在水平方向和垂直方向上的像素数量，为可选参数，默认为 8；threshold 表示人脸识别时使用的阈值，为可选参数
recognizer=cv2.face.EigenFaceRecognizer_create ([num_components=0[,threshold=0]])	创建 Eigenfaces 人脸识别器对象。其中，recognizer 表示创建的 Eigenfaces 人脸识别器对象；num_components 表示需要保留的特征数量，为可选参数，默认为 0；threshold 表示人脸识别时使用的阈值，为可选参数，默认为 0
recognizer=cv2.face.FisherFaceRecognizer_create ([num_components=0[,threshold=0]])	创建 Fisherfaces 人脸识别器对象，其参数与 cv2.face.EigenFaceRecognizer_create()方法参数相同，此处不再赘述

2. 训练人脸识别器

创建好人脸识别器对象 recognizer 后，人脸识别的 3 种方法均须调用 train()方法训练人脸识别器。train()方法的格式如下。

`recognizer.train(src,labels)`

其中，src 表示用于训练的人脸图像列表，人脸图像须为灰度图像，且大小相同；labels 表示人脸图像对应的标签数组，元素类型为整型，数组长度须与人脸图像列表的长度相等。

3. 应用人脸识别器

训练好人脸识别器后，就可以调用 predict()方法进行人脸识别了。该方法对比人脸图像的特征，给出最相近的结果和评分，其格式如下。

`label,confidence=recognizer.predict(src)`

其中，label 表示与人脸图像匹配程度最高的标签值；confidence 表示匹配程度最高的可信度，其值为未知人脸图像与模型中已知人脸图像之间的距离；src 表示未知人脸图像，须为灰度图像，且与训练图像大小相同。

> **高手点拨**
>
> 在基于 LBPH 的人脸识别中，predict()方法的返回值 confidence 的值为 0，表示两幅图像完全匹配，低于 50 表示匹配程度较高，大于 80 表示匹配程度较差。而在基于 Eigenfaces 的人脸识别和基于 Fisherfaces 的人脸识别中，返回值 confidence 的值为 0，表示两幅图像完全匹配，低于 5 000 表示匹配程度较高。

【例 9-3】 编写程序，使用 3 幅图像（见本书配套素材"例题图像/identify1.png""例题图像/identify2.png"和"例题图像/identify3.png"）作为训练图像，训练 LBPH 人脸识别器，然后对测试图像（见本书配套素材"例题图像/unknown1.png"）应用模型，进行人脸识别。

【参考代码】

```
import cv2                                          #导入OpenCV库
import numpy as np                                  #导入NumPy库
images=[]                                           #创建训练人脸图像列表
images.append(cv2.imread("identify1.png",cv2.IMREAD_GRAYSCALE))
images.append(cv2.imread("identify2.png",cv2.IMREAD_GRAYSCALE))
images.append(cv2.imread("identify3.png",cv2.IMREAD_GRAYSCALE))
labels=[0,1,0]                                      #创建标签数组
#创建LBPH人脸识别器对象
recognizer=cv2.face.LBPHFaceRecognizer_create()
```

```
recognizer.train(images,np.array(labels))     #训练模型
predict_image=cv2.imread('unknown1.png',cv2.IMREAD_GRAYSCALE)
label,confidence=recognizer.predict(predict_image)    #应用模型
if label==0:                                  #判断并显示识别结果
    print("匹配的人脸为小旌")
elif label==1:
    print("匹配的人脸为小文")
print("confidence=",confidence)
```

【训练和测试图像】　训练和测试图像如图 9-5 所示。

（a）训练图像 1

（b）训练图像 2

（c）训练图像 3

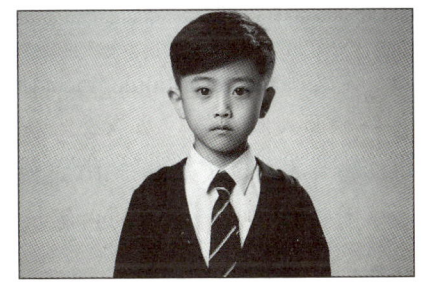
（d）测试图像

图 9-5　训练和测试图像

【运行结果】　程序运行结果如图 9-6 所示。

```
匹配的人脸为小旌
confidence= 14.976517169508277
```

图 9-6　例 9-3 程序运行结果

高手点拨

例 9-3 也可以使用基于 Eigenfaces 的人脸识别和基于 Fisherfaces 的人脸识别两种方法进行人脸识别，须使用它们所对应的方法创建人脸识别器对象，且注意人脸匹配可信度（confidence 的值）的标准有所不同。

项目实施——实验室成员人脸检测与识别

1. 准备工作

步骤1 导入本项目所需的模块与包。
步骤2 加载 Harr 级联分类器。
步骤3 创建 LBPH 人脸识别器对象。

【参考代码】

```python
import cv2                                      #导入项目所需的模块与包
import numpy as np
import os
import matplotlib.pyplot as plt
dirs="./Resources/facedata/"                    #存放人脸图像的文件夹
face_detector=cv2.CascadeClassifier(r'E:\opencv-4.8.0\data\haarcascades\haarcascade_frontalface_default.xml')#加载级联分类器
#创建LBPH人脸识别器对象
recognzer=cv2.face.LBPHFaceRecognizer_create()
```

2. 人脸采集

步骤1 定义函数 Get_sample_face() 用于人脸采集。在函数中，循环从摄像头的视频流中提取每一帧的人脸图像，截取含人脸的部分并将其转换为灰度图像，保存在人脸图像文件夹中，当样本数量大于等于10或按"Esc"键退出循环。

步骤2 打开笔记本计算机的内置摄像头，判断存放人脸图像文件的文件夹是否存在，若不存在，则创建该文件夹。

步骤3 使用循环语句进行人脸采集，在循环中，输入用户姓名，然后调用函数 Get_sample_face() 完成一位实验室成员的人脸采集，当输入"exit"时退出循环。

步骤4 释放 cv2.VideoCapture 类的对象。

【参考代码】

```python
def Get_sample_face(face_name):                 #定义人脸采集函数
    count=0                                     #count变量用于统计样本数量
    while True:
        success,img=cap.read()                  #从摄像头读取图像
        if success:                             #转为灰度图像
            gray=cv2.cvtColor(img,cv2.COLOR_BGR2GRAY)
        else:
```

```
            break
        faces=face_detector.detectMultiScale(gray,1.3,5)#检测人脸
        for(x,y,w,h) in faces:
            count+=1                        #检测成功则样本数增加
            cv2.imwrite(dirs+str(face_name)+'/'+str(face_name)+
str(count)+'.jpg',gray[y:y+h,x:x+w])         #保存图像
        key=cv2.waitKey(1)
        if key==27:
            break
        elif count>=10:
            break
cap=cv2.VideoCapture(0)                      #打开笔记本计算机的内置摄像头
while True:
    #提示用户，即将人脸采集
    face_name=input('\n请输入名字,直视摄像头并等待...')
    if face_name.lower()=="exit":
        break
    else:
        #创建存放人脸图像文件的文件夹
        if not os.path.exists(dirs+face_name):
            os.makedirs(dirs+face_name)
        Get_sample_face(face_name)           #人脸采集
cap.release()                                #释放资源
```

指点迷津

读者既可执行第 2 步（人脸采集）的代码，构建人脸识别的图像集，也可使用本书提供的人脸识别的图像集。若使用本书提供的人脸识别的图像集，则无须执行第 2 步的代码，在开始编写程序前，须将配套素材"项目实施图像\Resources\facedata\"文件夹中的所有文件复制到当前工作目录下的"\Resources\facedata"文件夹中。

3. 训练模型

步骤 1 定义函数 Get_data()用于获取人脸数据及其对应的标签。该函数从指定路径中读取人脸图像，若在图像中调用 detectMultiScale()方法检测人脸成功，则将人脸数据及其对应的标签添加到相应的列表中。

步骤 2 调用函数 Get_data()获取人脸数据及其对应的标签。

步骤3 使用获取到的人脸数据及其对应的标签训练模型，并保存训练好的模型。

【参考代码】

```python
def Get_data(path):                          #获取人脸数据及其对应的标签
    face_data=[]                             #存储人脸数据
    face_ids=[]                              #存储标签
    plt.figure(figsize=(6,2.4))
    imagePaths=[os.path.join(path,f) for f in os.listdir(path)]
    name=0
    for imagePath in imagePaths:
        for in_name in os.listdir(imagePath):    #遍历列表中的图像
            image=cv2.imread(os.path.join(imagePath,in_name))
            gray=cv2.cvtColor(image,cv2.COLOR_BGR2GRAY)
            faces=face_detector.detectMultiScale(gray)   #检测人脸
            for(x,y,w,h) in faces:
                face_ids.append(name)
                face_data.append(gray)
        plt.subplot(1,3,name + 1)            #创建子图
        plt.imshow(image)
        plt.axis("off")                      #设置不显示坐标轴
        name+=1
    plt.show()
    return face_data,face_ids
faces,ids=Get_data(dirs)
recognzer.train(faces,np.array(ids))         #训练模型
recognzer.write("mymodel.yml")               #保存训练好的人脸特征数据文件
```

【运行结果】 人脸识别的部分图像如图9-7所示。

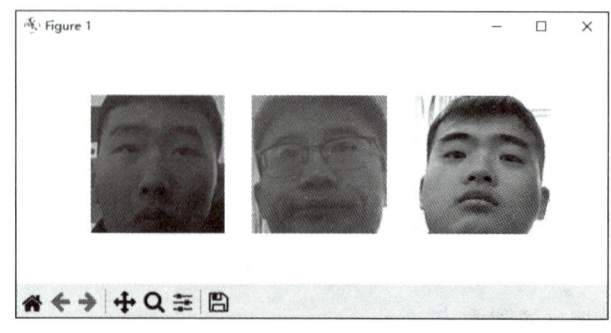

图9-7 人脸识别的部分图像

4. 人脸识别

步骤1 读取已训练好的模型,并定义存储姓名的列表。

步骤2 读取测试图像,将其转换为灰度图像,并使用灰度图像进行人脸检测。

步骤3 使用循环语句遍历并处理人脸检测结果。① 在检测到的人脸位置绘制矩形框,并显示该图像;② 使用训练好的模型,进行人脸识别;③ 判断并显示人脸识别结果,若人脸匹配可信度小于50,则匹配成功(显示相应提示信息及其人脸匹配可信度),否则匹配失败。

步骤4 窗口等待,按任意键继续,并释放所有窗口。

【参考代码】

```python
recognzer.read('mymodel.yml')                          #读取训练好的模型
names=['xiaojiang','xiaojing','xiaowen']
image=cv2.imread("./Resources/unknown2.jpg")           #读取测试图像
gray=cv2.cvtColor(image,cv2.COLOR_BGR2GRAY)
faces=face_detector.detectMultiScale(gray)             #检测人脸
for x, y, w, h in faces:                               #标识人脸
    cv2.rectangle(image,(x,y),(x+w,y+h),(0,255,0),thickness=2)
    cv2.imshow("Identify",image)
    id,confidence=recognzer.predict(gray)              #人脸识别
    if confidence<50:                                  #判断并显示人脸识别结果
        name=names[id]
        print('欢迎 ',name,' 同学进入计算机视觉实验室!')
        print('可信度: ',confidence)
    else:
        print('对不起,您不能进入计算机视觉实验室!')
cv2.waitKey()                                          #窗口等待,按任意键继续
cv2.destroyAllWindows()                                #释放所有窗口
```

【运行结果】 人脸检测与识别的结果图像如图9-8所示,人脸识别的结果如图9-9所示。

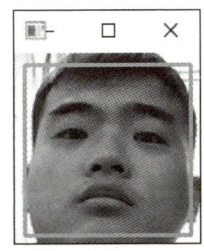

图9-8 人脸检测与识别的结果图像

```
欢迎   xiaowen   同学进入计算机视觉实验室!
可信度: 45.05500676502082
```

图9-9 人脸识别的结果

> **指点迷津**
>
> 列表 names 定义了实验室成员的姓名，应与人脸识别图像集的文件夹名称一致，读者可以根据采集到的人脸识别图像集的文件夹名称修改列表 names 的值。

项目实训

1. 实训目的

（1）熟练使用 OpenCV 进行图像的人脸检测。

（2）熟练使用 OpenCV 进行图像的人眼检测。

2. 实训内容

编写程序，使用 OpenCV 的 Haar 级联分类器对图像"picture.jpg"（见本书配套素材"项目实训图像\picture.jpg"）进行人脸检测和人眼检测，并在对应位置绘制矩形框。

（1）准备工作。

① 导入本项目所需的 OpenCV 库。

② 读取人脸检测图像，并将其转换为灰度图像。

（2）人脸检测。

① 调用 cv2.CascadeClassifier()方法加载人脸检测的 Haar 级联分类器。

② 调用 detectMultiScale()方法进行人脸检测。

（3）使用循环标识人脸，并在人脸区域进行人眼检测与标识。

① 调用 cv2.rectangle()函数，在人脸位置绘制矩形框，以标识人脸。

② 获取原图像的人脸区域图像和人脸区域的灰度图像。

③ 调用 cv2.CascadeClassifier()方法加载人眼检测的 Haar 级联分类器，并对人脸区域的灰度图像进行人眼检测。

④ 在人眼检测结果中的人眼位置绘制矩形框，以标识人眼。

（4）显示人脸检测和人眼检测后的图像。

① 显示人脸检测和人眼检测后的结果图像。

② 设置窗口等待功能，按任意键释放所有窗口。

3. 实训小结

按要求完成实训内容，并将实训过程中遇到的问题和解决办法记录在表 9-3 中。

表 9-3　实训过程

序　号	主要问题	解决办法
1		
2		
3		

项目总结

完成本项目的学习与实践后,请总结应掌握的重点内容,并将图 9-10 中的空白处填写完整。

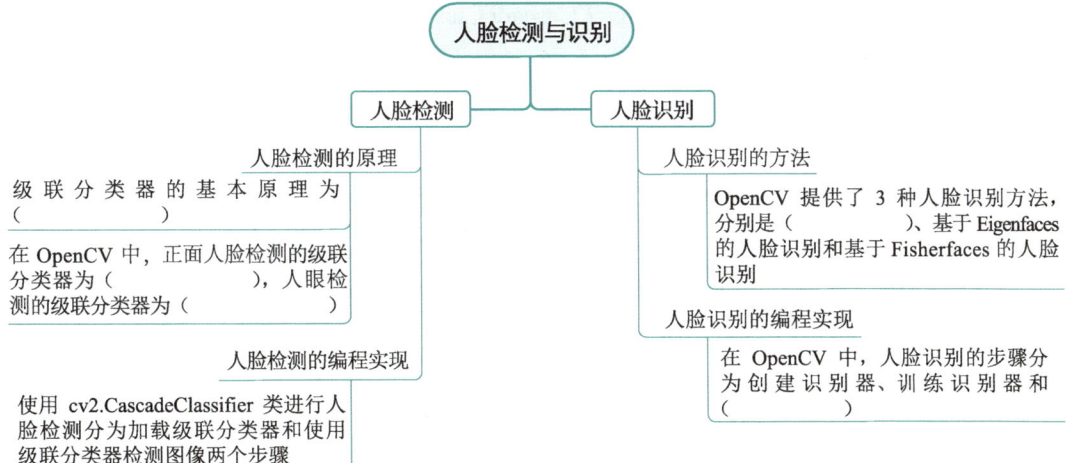

图 9-10　项目总结

项目考核

1．选择题

（1）在 OpenCV 中，加载级联分类器的方法是（　　）。

  A．cv2.detectMultiScale()   B．cv2.CascadeClassifier()

  C．cv2.rectangle()   D．cv2.blur()

（2）人眼检测的级联分类器文件是（　　）。

  A．haarcascade_eye.xml

  B．haarcascade_eye_tree_eyeglasses.xml

  C．haarcascade_smile.xml

  D．haarcascade_frontalcatface.xml

（3）下列关于语句"classifier=cv2.CascadeClassifier(filename)"的描述中，错误的是（　　）。

  A．该语句可以用于加载 Harr 级联分类器

  B．该语句可以用于加载 LBP 级联分类器

  C．参数 filename 表示级联分类器的 XML 文件路径

  D．该语句用于创建人脸识别器对象

（4）下列关于方法 cv2.face.LBPHFaceRecognizer_create()的描述中，正确的是（　　）。

  A．该方法用于加载 LBPH 级联分类器

  B．该方法用于创建 LBPH 人脸识别器对象

  C．该方法用于训练 LBPH 人脸识别器

  D．该方法用于训练特征脸人脸识别器

2．填空题

（1）OpenCV 提供了 3 种类型的级联分类器，分别是_____、HOG 级联分类器和 LBP 级联分类器。

（2）_____是 OpenCV 的一个类，用于检测图像中的物体。

（3）OpenCV 提供了 3 种人脸识别方法，分别是_____、基于 Eigenfaces 的人脸识别和基于 Fisherfaces 的人脸识别。

3．简答题

（1）简述级联分类器的原理。

（2）简述人脸识别的步骤。

项目 9　人脸检测与识别

项目评价

结合本项目的学习情况，完成项目评价，并将评价结果填入表 9-4 中。

表 9-4　项目评价

评价项目	评价内容	评价分数			
		分值	自评	互评	师评
项目完成度评价（20%）	项目准备阶段，回答问题是否清晰准确，能够紧扣主题，没有明显错误	5 分			
	项目实施阶段，是否能够根据操作步骤完成本项目	5 分			
	项目实训阶段，是否能够出色完成实训内容	5 分			
	项目总结阶段，是否能够正确地将项目总结的空白信息补充完整	2 分			
	项目考核阶段，是否能够正确地完成考核题目	3 分			
知识评价（30%）	是否了解人脸检测的基本原理	10 分			
	是否掌握人脸检测的步骤	10 分			
	是否掌握常用的人脸识别方法	10 分			
技能评价（30%）	是否能够使用 OpenCV 进行人脸检测	10 分			
	是否能够使用 OpenCV 进行人脸识别	10 分			
	是否能够使用 OpenCV 进行人眼、猫脸等其他对象的检测	10 分			
素养评价（20%）	是否能够遵守课堂纪律，上课精神是否饱满	5 分			
	是否具有自主学习意识，做好课前准备	5 分			
	是否善于思考，积极参与，勇于提出问题	5 分			
	是否具有团队合作精神，出色完成小组任务	5 分			
合计	综合分数_____自评（25%）+互评（25%）+师评（50%）	100 分			
	综合等级_____	指导老师签字_____			
综合评价（创新、进步及不足）					

参考文献

［1］夏帮贵．OpenCV 计算机视觉基础教程［M］．北京：人民邮电出版社，2021．

［2］贾睿．OpenCV 图像处理实战［M］．北京：机械工业出版社，2023．

［3］傅贤君，沈茗戈，汪婵婵．OpenCV 图像处理技术［M］．北京：电子工业出版社，2023．

［4］张运楚．Python 数字图像处理［M］．北京：中国建筑工业出版社，2021．